照亮心海的浩空明珠

《慧灯·问道》编辑部 编

海南出版社
·海口·

图书在版编目（CIP）数据

照亮心海的浩空明珠 /《慧灯 · 问道》编辑部编
. —— 海口：海南出版社，2021.12（2023.3 重印）
ISBN 978-7-5730-0156-6

Ⅰ . ①照… Ⅱ . ①慧… Ⅲ . ①人生哲学 – 通俗读物
Ⅳ . ① B821-49

中国版本图书馆 CIP 数据核字 (2021) 第 239718 号

照亮心海的浩空明珠

ZHAOLIANG XINHAI DE HAOKONG MINGZHU

作　　者：《慧灯 · 问道》编辑部
责任编辑：张　雪
责任印制：杨　程
印刷装订：北京兰星球彩色印刷有限公司
读者服务：唐雪飞
出版发行：海南出版社
总社地址：海口市金盘开发区建设三横路 2 号　　邮编：570216
北京地址：北京市朝阳区黄厂路 3 号院 7 号楼 101 室
电　　话：0898-66812392　　010-87336670
投稿邮箱：hnbook@263.net
经　　销：全国新华书店经销
版　　次：2021 年 12 月第 1 版
印　　次：2023 年 3 月第 3 次印刷
开　　本：880 mm × 1 230 mm　1/32
印　　张：10.25
字　　数：210 千字
书　　号：ISBN 978-7-5730-0156-6
定　　价：52.00 元

序言 PREFACE

在大家的期盼声中，《慧灯·问道》第二季如期而至。

作为一档创新型心灵探索类访谈节目，本季延续了过去贴近生活的特点和轻松幽默的风格，内容继续围绕着人们所关心的热点逐一展开，从家庭关系、事业、命运，到年轻人所关注的爱情、友情、学业等，无不与大众的日常息息相关。在第二季中，除了常驻嘉宾慈诚罗珠堪布，我们还邀请了心理学专家、患者等，与大家共同探讨抑郁症、强迫症等日益突出的心理健康问题。

尤其值得一提的是，在本书中，堪布不但耐心解答了初学者对于佛法的种种疑问，还深入解析了人们讳莫如深的话题——死亡。

死亡的时候到底会发生什么？

人真的有来世吗？

在生命的最后时刻，我们该怎样帮助挚爱的亲友？

如何看待自杀、安乐死？

神秘的虹光身又是怎么回事？

……

关于死亡，我们有太多的好奇和不解，也有着无法言喻的恐惧和担忧。无比幸运的是，智慧广博的堪布不但为大家揭开了死亡的神秘面纱，而且详细介绍了面对死亡的种种方法，让我们在生命之旅的终点，又看到了新的希望！

有人说，在《慧灯·问道》的一问一答中，自己开始重新思考、探寻生命的多种可能；也有人说，原来佛法并非想象中那样高冷，它更像是一种生活的智慧，让我们可以活得更加从容、安详；还有人说，曾经以为只有自己会遇到这样的问题，因此倍感孤独，然而当看到堪布亲切地为大家解答类似疑问时，顷刻间一种心心相印的感动和温暖直达心底。

如今，透过这些简单明了的文字，我们仿佛回到了热烈而欢快的现场，再次感受智者的风采和佛法给予我们的力量。红尘里的修行，也因为有了明确的方向而不再迷茫。

如同慈诚罗珠堪布所言，“我们可以过很现代化的生活，同时也可以拥有很古老的佛教智慧”，“在每个人的精神世界里，都有一个等待发现的事物或等待开发的力量。彻底了解自己，是世上最自由、最轻松、最快乐的境界”。

确实，佛法从不离世间，此心之外无别法。透过烦恼，我们更清晰地看到了自己的心；疑问的背后，则是真理的光芒在闪现。也许在偶然的一天，突然看到的某段文字，将会令您轻松解开困扰已久的心结，刹那间照亮您心底澄明的蓝天！

《慧灯·问道》编辑部

2018年12月

目录 CONTENTS

心理健康篇

心病还须心药医

莘莘学子篇

青春里的那些事儿

初入佛门篇

解开初学的困扰

初识生死篇

死亡不是爱的终点

超越生死篇

揭开死亡的神秘面纱

第壹章

心理健康篇

心病还须心药医

走出抑郁，迎接光明（上）

——《慧灯·问道》“心理健康篇”第 1 期

主 各位观众朋友，大家好！欢迎收看本期的《慧灯·问道》节目。

在当今这个时代，人类社会在物质方面取得了空前的成就，发达程度也超过了以往任何一个时代。但与此同时，一个叫作“心灵危机”的新名词也悄然出现。尽管很多人不仅解决了温饱问题，而且拥有了巨大的财富，但还是不开心、不快乐、不幸福。据世界银行及世界卫生组织的预测，在不久的将来，抑郁症将成为威胁全球公众健康的最大问题。

所以，我们今天的节目将围绕心理健康问题，与大家共同探讨：有什么办法能解决心灵危机？怎样才能让我们更自由、

编者注：本书根据《慧灯·问道》节目编纂整理而成，收录慈诚罗珠堪布、主持人和观众等人的谈话内容，为避免重复，此处只标示缩写。其中，“主”代表主持人；“慈”代表慈诚罗珠堪布；“观”代表提问者，即观众；“方”代表方昱南老师；“于”代表于芮老师；“馨”代表馨戈。

更健康、更幸福呢？

好，首先欢迎我们这一期的嘉宾，掌声有请慈诚罗珠堪布，欢迎您！

同时，我们也为大家请来了三位重量级的来宾，他们分别是：国家二级心理咨询师、十佳咨询师于芮老师，欢迎您！国家三级心理咨询师方昱南老师，欢迎您！曾经的抑郁症患者、现在已经恢复健康的馨戈女士，欢迎您！

好，堪布，在节目正式开始的时候，首先有一个问题想要请教您：随着时代的进步，现在有越来越多的成功人士，包括很多明星等，都声称自己得了抑郁症，或是曾经受到抑郁症的困扰，因此呼吁大家关注心理健康。在您看来，抑郁症是一种什么样的疾病呢？

慈 抑郁症这个问题，以目前的情况来看，确实不太乐观。比如说，美国在最近四十年左右的时间里，抑郁症患者的数量就增长了 10 倍。四五十年之前，抑郁症患者的平均年龄是 29 岁，现在却下降到了 14 岁。据说现在 10 岁的小孩都有得抑郁症的，这样看来，抑郁症确实是一个很严重的问题。抑郁症患者不仅仅是平时有些不开心或有失眠之类的症状，如果控制不好的话，抑郁症完全可以夺走一个人的生命。

主 一发而不可收拾。

慈 对，所以抑郁症确实是我们每个人都要关注的问题。

主 **我们都应该关注这个心理健康问题。**

慈 对。

主 **关于抑郁症，方昱南老师有着多年的咨询经验，那从您的角度来讲，有没有什么需要补充的呢？**

方 我非常同意堪布的这个看法。现在，抑郁症患者变得越来越年轻化了。大家知道，过去在大学生中就有很多的自杀案例，那现在已经慢慢地向更年轻的群体发展了，在高中生、初中生中都有一些这样的现象发生。在一些著名的工厂、企业里面，也有这样的现象发生。这真的需要引起我们的重视。

主 **已经是一个很严峻的问题了，对吧？**

方 是的。

主 **我想问一下于芮老师，假设我有一点抑郁情绪，不能就此说我有抑郁症，对吧？那么从临床方面来讲，抑郁症的诊断标准是什么呢？**

于 刚才堪布和方老师都说到了抑郁症患者的年龄，堪布有一个数据的统计，方老师也说到了一个年龄段。但实际上，现在抑郁症的发病从青少年到中年、老年，每个年龄段都有。国内比较常见的是青少年抑郁，还有老年抑郁，以及一个大的群体，也就是产妇群体，这一群体易患产后抑郁。

医学的判断很多时候的确是凭经验作出的，尤其是针对心理问题这样一个经验类的学科。比方说，从抑郁症患者身上会看到三个字：呆、懒、愁，就是发呆、发懒、发愁。有了这几个症状的时候，基本上可以确定是存在抑郁情绪了，当然还有一些具体的细节，然后再用量表测量、评估一下程度，就可以断定是不是抑郁症了。

主 **那可以再向您咨询一下，它具体的临床表现有哪些吗？我想对照一下自己，看我有没有抑郁症。**

于 首先是持续两周的时间有失眠症状，这是一个条件。比如，外界有个大的事件，或者说是在一个突发事件以后，你在两个星期中持续失眠，有这个时间期限。当然，如果是经常性的失眠，这是另外一回事。然后，相对来说胃口比较差，还有就是在人际交往中，越来越不愿意和周围的人交流，工作起来也没有什么动力，再就是会有一些轻微忧郁的情绪出现，类似于林黛玉小姐那样。

主 **伤春悲秋，这种状态。**

于 对，阴雨的天气就不爱出门了，天冷了更不爱出门，这些基本上就算是了。

主 **这些都是临床的表现？**

于 对。有一个很容易辨别的现象，尤其是青少年，当一个孩子回到家里，冲到卧室第一件事情就是把窗帘拉上，如果他在青春期是这样的话，那基本上可以断定，他已经患上青少年抑郁症了。

主 **我觉得于芮老师提到了一个非常重要的知识点，大家可以对照一下，看自己家的孩子在青春期有没有这种情况：回到家里，一进到自己房间，立刻把窗帘拉上，这是一个很重要的细节。**

于 对，遮蔽阳光。

主 **对，就是喜欢黑暗，不喜欢阳光的这种状态。据相关资料和我的了解，馨戈女士以前得过抑郁症，是吗?**

馨 到现在我也不能确定那时候是不是患了抑郁症，但是有一段时间我确实非常忧郁，以至于觉得活着没意思。前期的时候就是觉得生活没有希望，到最后是整个人都没有希望，觉得如果可以一直睡下去，永远不醒多好！我没有找到任何解决方法，就是觉得太痛苦了！还有就是觉得自己不会有钱，其实那个时候我很有钱，也有房子什么的，但是我会恐惧未来，感觉生活没有任何希望，非常痛苦。最严重的时候甚至会觉得，如果可以从我住的 21 楼跳下去，就轻松了，就没有这么多痛苦了。我不知道自己这样是不是抑郁症，反正就是很悲伤。

主 于芮老师，您觉得她这种情况属于抑郁症吗?

于 我想问一下，这种情况持续了多长时间？持续时间是一个很重要的诊断标准。

馨 时间比较长，其实是有几个月的时间，开始是恐惧，然后是无聊，再到对生活失望，觉得没有意思，虽然在此期间我在不断地上心理课程……

主 有厌世的心理，然后持续了几个月的时间。

于 她所说的这些，已经有两条非常符合了，一个是时间上超过了两周，再一个就是已经影响了她正常的生活和社会工作。从这两点来说，可以断定是抑郁症了。

主 甚至还有轻生的念头在里面。

于 如果轻生的念头非常严重的话，就基本上可以断定为中度抑郁；如果她已经采取了行动，不管这种行动最终是否实施，哪怕她只是站在窗台上往下看了看，这就在中度和重度之间了。

主 于老师，我还想问一下，什么样的原因会诱发抑郁症呢?

于 这个原因现在来说是挺多的。一个就是各种压力，虽然物质文明非常发达了，但可能有些时候人的精神会有一些空虚；再就是各种各样的情感、人际关系；还有一种是最近发现的，就是现在社会上有太多的低头族。

主 **手机。**

于 看手机、看电脑，长此以往就容易导致颈椎脱出，当颈椎压迫了交感神经的时候，我们就会有情绪低落、嗜睡等状况，嗜睡和失眠就是抑郁心理产生的症状。所以，导致抑郁现象的原因还是挺多的。

主 **方老师有什么需要补充吗?**

方 刚才于老师讲的，一个是社会层面，一个是生理层面，其实还有一个是个人层面，就是个人在成长过程中养成的性格特点。有的人就比较容易抑郁，他的情绪长期低落，对自己评价很低，低价值、低自尊就容易产生抑郁。

主 **不认可自我，会有这种情绪在里面作祟，是吧?**

方 对，是的。

主 **请教一下堪布，可不可以从佛教的视角解释一下抑郁症的成因呢?**

慈 刚才几位老师讲了一些客观的因素，我想可能主要还是跟人的压力和空虚有比较密切的关系。比如我遇到的很多抑郁症患者，主要是因为压力太大。就像人的身体，它可以承受一定的重量，但是超过这个重量以后就顶不住了。同样地，我们的精神也有一定的承压范围，在这个范围内它承受得了，有些时候这个压力还会变成一个正向的动力。但如果这个压力过度了，我们的身体或者精神都承受不住，那么就会出现问题。所以，我想抑郁症有生理方面的原因，但精神方面的原因可能会更多一点。

佛教里并没有说过“抑郁症”，这个名词以前没有，佛教在两千五百多年前更不会说抑郁症是怎么来的，不会这么讲。

主 **那个时候将其概括为一种心病。**

慈 对。

主 **正如堪布所说，当一个人承受的压力，超过了自己最大负荷值的时候，他就会产生巨大的心理压力，甚至会精神崩溃。我想请问堪布，佛教经常会谈命运、因果，不知道我们的抑郁症跟因果之间有没有关系?**

慈 包括抑郁症在内的所有精神方面的问题，佛教里面是这样讲的：如果我们曾经让其他生命感受到恐惧，比如说，把一个动物，哪怕是一只虫子，从楼上扔下去……这样的话，尽管没有被摔死，但是它会产生很强烈的恐惧感。

主 **感到了极大的恐惧!**

慈 对，就是这类的原因导致它精神恐惧，那么我们可能就会有这样的果报，比如自己的精神不健康等。但佛教里没有说抑郁症是怎么来的，没有这种说法。

主 **好的。听了堪布以及两位老师的讲解之后，我想采访一下馨戈女士，不知道您方不方便向我们透露一下，当初您得抑郁症，是什么原因所引发的呢?**

馨 当时妈妈年纪并不大，才 59 岁，突然间就得了癌症，几个月之后就去世了。妈妈去世之后，我就有一种恐惧感，每天四点以后就感到很恐惧，不管身边有多少人。那种恐惧感非常强烈，严重到无法入眠。总觉得周围有很多的东西，但又不知道是什么，也没有看到什么，每一晚都是如此。我也用过家乡的一些土办法、迷信的方法，但是都没有解决这个问题。我以为离开那儿，回到北京就应该没问题了。我回到北京之后，找到了一位比较有名的心理专家，进行了一次治疗。从那之后，我需要长时间上心理课来调整，但这个恐惧感一直都存在。

直到有一天，那个恐惧感真正消失了。当听到那首“嗡嘛呢巴美吽”的歌时，我不知道是什么，晚上就听着它入眠。那个时候我也开始学会写《心经》，之后确确实实感觉到恐惧感消失了。但过了十多天后，我的男朋友突然喝醉酒，然后对我施暴。之前我把所有的希望和梦想都放在这个所谓完美的男朋友身上，本来是准备结婚的，但由于他酒后的暴力行为让我再次产生恐惧，从此我们就分手了，我心里很悲伤。接下来，恐惧感虽然没那么强烈了，可是悲伤之感仍然很强烈，以至于每天早上醒来的时候，就会想："妈妈去哪里了？"感觉生活毫无希望。我以前是做演员的，就觉得没有人会找我拍戏了，也没有人会娶我了，我嫁不出去了。生活里没有一点希望，我可以十多天不下楼。

我病情最严重的时候，刚好有一个我认识的女孩自杀了，她才 30 岁，非常漂亮。她被诊断患有精神分裂症，或者是其他严重的精神疾病，已经严重到每天都生活在恐惧之中。她不像我，我只是对生活没有希望，她是属于那种有人说她点儿什么，她就会整天想着要自杀的人，结果她真的自杀了。

她自杀之后，我听说她临走前在微信上留了一句话，写的是"真舒服"。据说这个女孩有八套房子、两辆车，她死在自己的宝马车里。当听到这个消息的时候，那句"真舒服"就入了我的心，我就一直想着，可能死了以后真的很舒服。因为那时候我无处可躲，不知道每天该怎么活，太痛苦了，每天都不明所以地感到很痛苦。

主　在当时，觉得活着是一种负担。

馨　嗯，自己无法解决。不过，我觉得相比之下还是自杀更痛苦，无论如何，我都不能那么做。

走出抑郁，迎接光明（中）

——《慧灯·问道》“心理健康篇”第 2 期

主 **她这种情况，基本上已经可以确定是抑郁症了。现在有一个问题要请教方老师：什么样的治疗方案和治疗方法适合她呢？**

方 像她刚才说的这种情况，抑郁情绪已经非常严重，持续的时间也非常长，我们平常说的一些自我情绪疏导已经不管用了。我们会建议，一定要到专业的医院去做检查、诊断。有可能需要配合一些药物的治疗，再配合一些心理方面的治疗。

主 **于老师有什么样的建议吗？**

于 如果影响到她的社会生活，已经发展到这么严重的地步，那基本上也就是这样的方案。在国内，一般是建议到医院进行药物的辅助治疗；在欧美，可能是不建议用药物治疗抑郁症。这是国内与国外不同的地方。

主 **国内外有差别，对吧?**

于 对。

主 **以国内为例，用药物来进行抑郁症的治疗，主要目的是抑制负面情绪，对吗?**

于 简单来说，就是抑制神经兴奋。因为无论发愁也好，高兴也罢，都是神经的一种兴奋，所以服用药物的主要作用是镇静。

主 **属于镇静类的药物。**

于 对。

主 **在欧美，它的治疗方案更偏向于无药物治疗，是这样吗?**

于 对，属于物理治疗。

主 **会选择催眠，或者通过谈话的方式吗?**

于 是选择方式之一。

主 **那我想问一下馨戈女士，在之前的治疗过程中，或者在你向心理老师咨询的过程中，他是否选择了方老师和于老师提到的这种方法，来对你进行治疗?**

馨 在这个过程中，我上过七到八个阶段的心理课程，这个心理课程包括了类似催眠的内容。最长的一个阶段是三个月的，效果也有一些，它会让我暂时忘记痛苦。我觉得这就像麻醉剂或者止疼药，那个时候感觉非常好，会给我一种温暖的感受，但维持得不久。

主 **它处于一个表面的效果和状态。**

馨 对，它还是没有真正治愈我。不过，最后有一个方法，它使我后来能够快乐起来，以致真的感受到生活中的烦恼越来越少，甚至比妈妈去世之前更少。我一生中有那么多烦恼，我没想到可以减少。

主 **你的生活可以这么快乐？**

馨 对，烦恼可以减少，烦恼的时间可以缩短，我可以享受快乐。它不取决于我到底有没有拍戏，不取决于我到底有没有钱，也不取决于工作上是否有压力。后来，我基本上没有出现过失眠的状态。

虽然最近我遇到了一些大的波折，又有些失眠，但它不会使我沮丧到产生抑郁情绪。也就是说，虽然还会有波折、坎坷，也会有烦恼，但那个烦恼不至于把我绊倒，跌到谷底，产生轻生或者是其他想法，我的心里还有光明。

主 **铺垫了这么多，我们特别想知道是什么样的方法，让你彻底从**

那种状态当中走了出来？

馨 我觉得跟我学佛有很大关系，跟我皈依之后系统地学佛有关。

主 **一点一点地学习。**

馨 在这个过程中一点一点地学习，然后它渐渐地渗透到我的生活里，这种自在是真的自在，是难以言喻的。我也能够感受到，它恒久地、真正地解决了我的问题，让我获得了真正的快乐，是永永远远的那种快乐。

主 **好的。堪布，刚才馨戈女士也提到了，她通过佛法，让自己从抑郁症和痛苦的状态中彻底走出来，并获得了真正的快乐。我想采访您一下，佛法中有什么办法，能够帮助抑郁症患者摆脱这种痛苦呢？**

慈 刚才两位老师讲的，我也非常赞成。首先，要看抑郁症患者的抑郁程度，如果已经达到非常严重的程度，那还是需要借助于药物。因为这个时候去打坐是静不下来的，人已经没有静下来的能力了，所以这个时候就需要靠药物。但用药时间长了，确实会产生一些副作用。因此，到了差不多的时候患者就可以开始打坐、禅修，禅修的力量慢慢起作用以后，就可以减少用药量。

当然，这个过程需要有医生的具体指导。比如说，什么时候可以减少药量，如何逐渐减少，到最后完全靠禅修，就不需要药物了。有些抑郁症患者，或者有其他精神疾病的人，本来要终生吃药，但如果病情已经转好，程度不那么严重的话，确实不需要一直吃药，这是一种情况。

另外一种情况是，虽然有抑郁症，但是还没有发展到那么严重的地步，这样的话，在治疗的全过程中都不需要吃药，完全可以通过禅修来解决问题。我之前遇到过很多有抑郁症的人，我一直都跟他们这么讲，也有效果。

2016 年我在哈佛大学交流访问，与哈佛医学院的院长，还有哈佛一些一流的脑神经科专家做过交流。他们研究禅修和抑郁症以及其他精神病的关系，已经有十多年了。我问他们，怎么看待禅修与抑郁症的关系？他们的回复跟我之前的看法完全相同。他们说抑郁症已经非常严重的时候，禅修是不太起作用的，主要原因就是患者无法静下来，他做不到，所以这个时候就需要药物。病情缓解得差不多的时候，就把药量减下来，然后去禅修。慢慢地，等禅修的力量稍微有一点上升的时候，就可以停掉药物。

他们还说，如果病情不是那么严重的话，完全不需要靠药物，一开始就可以让患者去禅修，完全没问题。当然，禅修需要有专业的人士引导，自己做的效果未必理想。我想，在解决心理问题方面，佛教是比较有办法的。

主 **是的，正如您所说，很多重度的抑郁症患者，心里满满的都是想要自杀，想要去了结自己的生命。**

慈 对。

主 **他已经没有动力，或者说是心气儿，让自己安安静静地坐下来禅修了。**

慈 对，他没办法静下来。

主 **所以说，首先他需要药物的控制，来抑制自己神经的兴奋，然后等有机会了，再去选择禅修这种方法。**

慈 对。

主 **对于重度抑郁症患者来说，是二者相结合，对不对？您也说了，禅修是佛教解决抑郁症的一个重要方法。对于学佛的人来说，大家都知道如何去禅修，他们自己会选择用禅修的方法来解决心理问题；但对于不学佛的人来讲，如果家人希望他通过这种方法来治疗抑郁症，那该如何引导他们走禅修的道路呢？**

慈 在国内，可能有些家属以及患者本人不太了解禅修，如果一开始就让患者通过禅修去治疗，大家可能也不太放心，会存在这类情况。但如果抑郁不是很严重的话，不需要担忧，依靠禅修是完全没有问题的。禅修有很多种方法，其中最简单的方法，现在在西方非常流行，而且他们做了很多的实验，有很多科学的数据。

现在，西方医院里面的医生、护士，甚至学校的小学生，都在打坐、禅修。西方那么多人在禅修，他们是不是都皈依了佛教呢？他们不一定是佛教徒，也许他们没有任何信仰，也许他们是基督教徒，这都有可能。比如瑜伽，瑜伽早期也跟印度教有关系，它是印度教里面的一个修行方法。但现在很多人都在修瑜伽养生，这并不代表他就是印度教徒，现在这两者之间几乎已经没有关系了。

禅修也可以这么做。如果是佛教徒，就在信仰佛教的基础上禅修，那它各方面的效果当然都会不一样；但如果暂时不想接触或者接受佛教的话，也没关系，把信仰的部分抛开了以后，完全可以把它当作一种调整心理的方法。这样的话，无论是唯物论者，还是无神论者，或者是有其他宗教信仰的人，大家都可以使用禅修的方法。

主 **这个方法在网上可以查到吗?**

慈 都可以查到，有非常简单的方法。

主 **就是说，如果我们的家人、朋友被抑郁症困扰的话，我们可以引导他们选择禅修这条道路，来缓解抑郁症的状况。**

慈 对。网上虽然有资料，但是没有人指导的话，效果不会太好。比如我们去健身，健身房里都有教练，对吧？精神上的训练也需要一个教练。像谷歌公司就设有专门的禅堂，当某一个员工心理出了状况的时候，他就会到禅堂去打坐，然后公司会给他发奖金。

主 **噢，打坐还有奖金?**

慈 对，有奖金，真的是这样。这个奖金不是直接交给员工，而是员工自己可以选一个慈善机构，谷歌公司直接把奖金打到这个慈善机构的账户上。他们就是这样鼓励员工去打坐的。

他们自己做了很多研究，发现禅修是最有效的。西方有些人也会批评这种做法，说当员工心理出了问题的时候，公司希望他们能够通过禅修得到调整，然后更好地为公司服务，这种方式就像打麻药一样，不能从根本上解决问题。

确实，如果可以从源头上改变，那当然是最好了，但是当事情已经发展到这种地步的时候，禅修还是很有用的，所以公司会鼓励员工禅修。他们选教练非常严格，必须要有1500个小时以上的禅修经验才有资格当他们的教练。有教练是最好的情况了。

主 这方面国内不如国外。据我了解，国外有很多系统化的禅修中心，而国内现在很多人想要有一个这样的禅修机会，但苦于不知道去哪里找。

慈 国内只是起步稍微晚一点儿吧。我想这个对大家非常有用，因为它有实际的价值，所以将来肯定会有的。

主 那请教您一个有争议的问题，禅修可以根治抑郁症吗?

慈 完全可以的。如果在禅修上花的时间、功夫等各方面都到位的话，就可以从根本上治愈抑郁症，这个完全没问题。

走出抑郁，迎接光明（下）

——《慧灯·问道》“心理健康篇”第 3 期

主 **我想采访一下两位老师，先请于老师来谈谈吧。于老师，从您的临床经验或者说咨询经验来讲，您会选择什么方式化解来访者的抑郁情绪呢？**

于 在心理学里可能会引导他冥想，释放抑郁情绪，这是一种方式；另外就是倾诉，他要有一些朋友圈子，找到可信、可靠的人，把情绪倾诉出去；也可以通过运动减压，每天保持一定量的运动，能够使人的情绪愉悦一些；还有就是睡眠，有一种呼吸调整方法，让大家用呼吸调整自己的睡眠；再就是调整日常的饮食习惯，某些食物本身就能缓解人的情绪，比如含维生素 C 多的食物，就能让人的情绪比较平和一些。对于那些病情严重的患者，我们一般建议他们到医院接受辅助药物治疗。

主 **以我个人为例，当我有抑郁情绪的时候，我会选择做家务，做大扫除。**

于 这是很好的运动减压方式。

主 **每次做完家务以后，我都觉得特别有成就感，然后会非常累，直接倒头就睡了。这个方法既治失眠，又治抑郁，效果非常好，可以推荐给大家。**

于 这基本上属于运动方面的抗抑郁。

慈 是，都有帮助。

主 **方老师，您觉得呢?**

方 刚才提到生活中的例子，还有一个大家都可以用的小方法，就是要多晒太阳，一定要补充身体里的阳气。

主 **而且还可以补充一些微量元素。**

方 对，晒太阳非常好。

于 方老师说的这个让我想起来，除了多晒太阳以外，也一定要多饮水，并且是温开水，凉水是不好的。在生活中，这些方式对抑郁症基本上已经有了治疗和预防的作用。现代人喝白开水越来越少，这也是导致抑郁症患者越来越多的原因之一。

主 **所以有两个方法是很有效的，一个是大扫除，一个是喝白开水。**

于 对，还有晒太阳，而且一定要运动。

主 **这些方法都很直接、简单。我想请教一下堪布，刚才馨戈女士还有于老师，都提到了催眠和冥想，它跟禅修会不会有一些相似的地方？**

慈 冥想跟禅修是不同的名词而已，禅修实际上也是一种冥想。心理学就比较喜欢用“冥想”这样的词，佛教平时则用“观想”“修行”这样的词。这两者之间其实有很多内容是相通的，比如佛教的某一种观想，从心理学的角度来讲，就是一种冥想；心理学所说的一些冥想，从佛教的角度看，也是一种观想。

主 **有相通的地方。**

慈 对。冥想也好，观想也罢，实际上都是禅修的一部分。而催眠与禅修有一个相同的地方，就是可以让意识的波动幅度降低。在现实生活中，每个人意识的波动幅度都相当大，通过催眠，可以让人进入一个半睡半醒的状态，这个时候，在一定程度上，人的浮躁情绪就会缓解。

主 **就沉静下来了。**

慈 对，禅修的原理也是这样。我们在日常生活中，各种各样的杂念充斥大脑，这时候去思考一件事情，半天都想不出结果；很多记下来的东西，一会儿就忘掉了。但是，如果在禅修当中完成这些事情，记下来的东西很长时间都不会忘。

通过催眠的方法，也可以想起很多以前的事情，比如小时候，第一天上幼儿园，老师对你说的第一句话是什么，妈妈和老师说的第一句话是什么，你当天穿了什么样的衣服等，都可以想起来。因为我们平时杂念太多、太乱，所以很多记忆被埋葬了。

主 **被覆盖住了。**

慈 被覆盖住是想不起来的，禅修也是把人非常浮躁的一面降下来，降到一定的程度。当然，禅修跟催眠最后达到的深度是完全不一样的，但有一些相同的地方。这两个都是把很多的杂念抛掉，使人达到比较宁静的状态，然后在这个状态当中思考一些问题。

主 **我想再问一下馨戈女士，您在患抑郁症期间咨询心理咨询师，他们给您的治疗意见跟两位老师或者堪布所说的这些有相似之处吗?**

馨 有。比如说，堪布讲心理学的治疗方法中包括催眠。催眠唤醒了我记忆深处的东西，我当时哭得一塌糊涂，睁开眼睛会想：怎么会隐藏这样一段记忆？那是早已被我遗忘的小时候的事情。

用催眠这种方法的确把我小时候的痛释放出去了，但我觉得还是治标不治本。我的状态真正变好是从学佛开始的，在这之前，我做任何事情都没有办法安静下来。

主 **压根儿进入不了那个状态。**

馨 对，我不会那么安静。

主 **这是个很关键的问题。**

馨 对，包括现在遇到大的事情，我也不能马上安静下来，还是要通过一段时间的学习、整理，去慢慢疏通。

方 我想补充一下，通过馨戈前面的讲述，大家知道她在当时遇到了三个非常重要的生活事件：第一个是母亲过世；第二个是因男朋友的一些暴力行为而与其分手；第三个是她认识的一个女生自杀了。如果生命中接连发生这些严重的事件，我们的心是很难平静下来的，刚才说的一些可以帮助自己的方法，这时候就不管用了，找一些专业的支持会比较好。

主 **或者像于老师说的，暂时需要去医院开一些药物来辅助情绪稳定，然后再通过一些咨询类的、引导类的方法，进行自我疗养。我想请教一下堪布，刚才我们聊的是如何消除抑郁情绪，那在佛教里面，除了禅修之外，还有没有其他方法可以帮助我**

们消除抑郁情绪?

慈 有。除了禅修以外，还可以有意地去帮助别人，每天亲自去做五件对身边的人有帮助的事：首先要计划好这些事情，然后亲自去落实、完成，最后亲眼看到自己做的事情对身边人有帮助。因为抑郁，人会觉得生活没有意义、生命没有价值等。但在帮助了别人以后，人们就会开始有成就感，觉得这样特别好；也会有满足感，觉得自己的生命其实不是毫无价值的，而是非常有价值的。此外，当亲眼看到对方因为自己的帮助而受益、开心的时候，自己也会高兴起来的。每天有五次左右这样开心、高兴的机会，会让人从负面情绪中慢慢走出来，并且把这个情绪转化掉，这是一个方法。

另外一个方法就是持咒，还可以看看佛教类的书籍。有些心理医生的处方里面也有这类书，虽然医生不一定是佛教徒，也许不相信佛教，但是他们知道这对患者是有帮助的，所以也会建议患者："你去看看佛教的书。"不仅佛经的内容对患者有益，它的表达方式也非常优美，如果患者能看进去的话，就会受益匪浅。现在的人都很现实，这个方法出自哪里没关系，反正只要对我有用，我就可以去用。

主 **对，就是这样。堪布跟大家介绍了佛教化解抑郁情绪的两个很简单、也很实用的方法。大家都知道，得抑郁症是很痛苦的，一旦得了抑郁症，真的有可能家破人亡。我想请教一下两位老师，有没有什么方法，能够让我们提前预防抑郁症呢?**

方 说到这些，我们一定要熟悉自己的情绪。我想，我们很多人其实不懂自己的情绪。特别是男士，一般形容情绪不好就一个词——不爽，但究竟是什么情绪却不知道，所以我们要慢慢地去学习。比如说，今天的情绪是悲伤、难过，还是失望、焦虑？当我们慢慢地熟悉自己的心是怎么运作的，就可以逐渐地从这些情绪里走出来。只有认识了情绪，才有机会表达情绪，才能进行疏导，所以我觉得，这是我们每一个人都需要学习的。

主 **认知自己的情绪。**

方 对。

主 **于老师，请您也谈一谈。**

于 我经常对别人说，在生活中有情绪时，一定要说出来、走出去、动起来，还有就是一定要信。

刚才堪布谈到做好事，这在积极心理学里边也有，帮助人是可以获得快感的，这种快感不仅可以满足自己，还可以产生成就感。这个时候你要相信，你要去做，你要坚持。要确信自己真的可以获得快乐，可以有价值；要坚信自己可以走出去，要真的坚持做。总结起来就是，要说出来、走出去、动起来。

慈 嗯，很有意思。总结得很好。

主 **刚才于老师说的这个，跟堪布说的每天做五件善事的方法，其实也相互印证了一下。**

慈 是。

主 **我想请教堪布，在佛教的理论体系当中，有没有什么方法可以预防抑郁症?**

慈 刚才几位老师讲的方法都非常管用。还有很重要的一点，就是稍微有一点儿抑郁的苗头和倾向时，一定要把它处理好，不要憋在心里。

处理的方法一般有两种，第一种是发泄。比如找一个什么都可以讲的朋友，把心中的所有想法全部说出来。如果没有这样的朋友，那就要找心理医生，心理医生都非常有经验，一定会让患者讲。讲什么都没问题，他会很认真地听，而且不会评判这里面的是非对错。这些话中也许确实有很多不对的地方，或者是带有患者个人的主观意识，但没关系，无论他说得对还是不对，医生都会认真地倾听。这对患者来说是一种发泄，是很有帮助的。

还可以通过其他的方法，比如我们刚才谈到的那些，也都是发泄的方法。当然，这些发泄不是用暴力之类不好的方法，而是把内心当中的很多想法说出来，不要憋着。运动在某种程度上，也是一种发泄方法。

另外一种方法是把它化解掉。关于化解，佛教里主要的方法就是禅修。比如，你今天在公司遭遇了不公平的待遇，特别不开心，解决这个抱怨或者这种心态的方法，佛教里面有很多。有的是去思维一些道理；有的是冥想、观想；有的是什么都不想，静下来；还有数呼吸，这是整个佛教——小乘佛教、大乘佛教、密法——都通用的方法，也是现在西方非常流行的一种方法。当稍微有点儿苗头的时候，如果能把它化解掉，那么这个情绪就不会累积下来。如果每一次有不好的情绪时，既不向他人诉说，自己也不想办法解决，憋在心里面，然后累积沉淀下来，最后就会变成抑郁症。

主 **没错。通过堪布以及两位老师的精彩解答，我们更加了解抑郁症了；同时我们也知道了，我们的幸福与不幸福，和我们内在的精神有着非常密切的联系。正如《慧灯之光》里所说的，“我们的痛苦与幸福，与外在事物没有关系，而取决于我们的心态：正面的心态获得正面的结果——幸福；负面的心态获得负面的后果——痛苦”。**

感谢各位嘉宾为我们提供了这些非常实用的方法和建议。“心病还须心药医”，希望大家通过这一期节目，能够懂得调节自己的内心，获得真正的幸福。相信有了正确的方法以后，抑郁症这个问题也会迎刃而解。

再一次感谢所有嘉宾的到来，以及所有观众的支持，谢谢大家！

强迫症是病吗

——《慧灯·问道》“心理健康篇”第 4 期

主 各位观众朋友，大家好！欢迎收看本期《慧灯·问道》节目。

很多人都听说过强迫症，认为得了强迫症以后会有反复洗手或者反复关灯等强迫性的行为。那么这些属于强迫症吗？强迫症到底是什么？今天我们邀请慈诚罗珠堪布，国家二级心理咨询师、十佳心理咨询师于芮老师，以及国家三级心理咨询师方昱南老师，一起来聊聊关于强迫症的那些事儿。

方老师，有些朋友会有一些强迫性的洗手、关灯之类的心理问题，这种问题是不是跟抑郁症一样？如果不一样的话，这两者有什么区别呢？

方 有很大的区别。抑郁症主要是情绪低落，有长期的抑郁情绪，同时还有一些自杀的倾向，求生的意愿比较低。而强迫症是指我们会有一些强迫的行为或者思维，对某件事情我们觉得它并不太重要、也不想去做，但还是会不停地去做。刚才说到洗手，正常情况下每个人都要洗手，但是手上沾到一点点脏东西就要洗手，一天洗二三十次，那就可能到了一个不太正常的程度。

主 **已经病态了？**

方 对。比如说，我们每个人离开家的时候都要锁门、检查一下煤气，这个很正常。但是有人检查了一次不够，出去又回来，再检查一次，并且重复很多遍，这就已经到了一个不正常的、影响个人生活的状态了。如果太严重，那他可能就有强迫症的倾向。这里很重要的一点，就是他“无法控制”。其实他觉得自己不需要洗手，可又有一种很大的冲动要去洗手。

主 **控制不住自己体内的“洪荒之力”！总觉得一定要想办法去洗手，如果不洗会非常难受。**

方 对，是的，很痛苦。

主 **于老师，强迫症有哪些常见表现？**

于 有人做过统计，现在有大约 70% 的人站在抑郁的悬崖边上，尤其是都市人。但跟抑郁症相比，强迫症就没有那么普遍了。我们出去讲课时会提到一句话，“强迫症像个鬼，听得多、见得少”。为什么呢？因为强迫症大部分是一个人私下的行为，像出家门后再回去检查，如果不是亲近的人就不会看到。还有洗手，如果他自己不表述，很多时候我们也观察不到。而抑郁症，周围人是能知道的。

主 **抑郁是一个常态化的状态，而强迫症是一个碎片化的状态。**

于 可以这样说。

主 **以我个人为例，大学时我向心理老师第一次咨询，就问他：“强迫症是病吗？”因为当时我有个习惯：看见水就想洗手。虽说没有到不洗手会难受那么严重的程度，但总觉得手脏。当我感觉这种状况影响到我的生活后，我去咨询了心理老师。老师说，这种情况再发展下去就是强迫症了，现在还只是一种强迫行为。后来，在老师的帮助和自己的克制之下，我已经把这个习惯彻底抛弃掉了。**

于 您可能之前是强迫意向、强迫思维，虽然老是这样想，但是还没有每次都去洗手。当你真的每次都去洗的时候，那可能就变成强迫症了。

主 **其实很多人都存在这种隐性的状态。**

于 有强迫隐性意向的人实际上有很多。为什么刚才我会开玩笑说，我们“听得多见得少”呢？因为有这种意向的当事人如果自己不说，谁都不会知道，而且这种行为就算做出来，也是在很私密的情况下做的。

主 **堪布，您了解强迫症吗？**

慈 我了解得没有抑郁症那么多。

于 因为它本来就少。

慈 是，抑郁症的患者我们接触得比较多，而强迫症确实像于老师讲的一样，听得多，但是见得不多。

主 **您说不太了解，起码证明您自始至终没有过强迫症的感觉。开个玩笑！**

慈 有些时候也有啊，我坐飞机时，经常要查一下身份证到底带了没有，要看一下，再看一下。我开玩笑的！

主 **其实这是谨慎的表现。不过，有人在整理物品方面也会有一种强迫行为，有这种情况吧？**

于 是的，强迫症的核心就是完美主义，没有完美主义就没有强迫症。

主 **所以说两者是约等于的，可以这么理解吗？**

于 可以。

主 **刚才我采访了两位老师和堪布，不知道在座的各位，有没有过强迫症的表现？**

1

观　您好，主持人，您好，堪布。我每次出门的时候，都感觉自己忘了关家门，忘了关燃气的阀门。有一次天下着雨，我都已经打着伞走到公交车站了，但一路上心里都极其不安。对于这种焦虑和不安，我没办法控制，而且每次出门都是这样。

主　不知道还有哪位朋友想跟大家分享一下自己的强迫行为？

2

观　我有一个朋友，他每次买了新衣服都非常急迫地想把上面的标签剪掉。在去公司的路上，甚至到了公司以后，只要他想起这件事情，就要赶紧回家去处理。晚上回到家，爱人睡着后，他总是觉得家里还有什么事没处理掉，左思右想睡不着。自己非常痛苦，又无法控制，这种内心的煎熬甚至使他一度想过自杀，但这个问题就是解决不了。他这种情况属于强迫症吗？谢谢您。

主　他们两位说的情况其实代表了一些人存在的问题。我想问一下于老师，在您接触到的案例当中，有没有强迫症的案例？跟他们所描述的这种状况像不像？

于　真的不多，我接触的也就100来例。

主　不多还100来例？

于 “河里没鱼市上见”，因为我是专门做这个工作的。刚才这位女士，我没有听清楚，您是走到公交车站又返回家里去检查了，还是只有想检查的焦虑？

观 **我有那种想检查的焦虑，总感觉自己没有锁门。**

于 那可能我们还不能把这位女士的情况称为真正意义上的强迫症。刚才那个朋友，如果仅对剪标签这一件事情执着，无论多么远都要回家去剪，无论什么情况都无法消减他剪标签的意愿，那这个可能就是强迫症；如果他晚上回家后，认为还有其他的事情没有做，就不停地找事情做，这可能跟我们刚才谈的一般概念上的强迫症不大一样。

我遇见过非常明显的强迫症行为，就是一个人去上学，他从楼上下来，再上去，往返七八次。他住六楼，而且还是走楼梯，上来下去七八次，他才真的走了。他洗手打上肥皂、冲掉，再打上肥皂、冲掉，一次就洗 20 多遍。

刚才我们谈到的是一些行为上的倾向，或者是一些情绪上的倾向，还有些其他的症状，可能跟我们谈的强迫症还有些差距。强迫症是一个相对专业的问题，以一般概念上的强迫症来衡量的话，我遇见的那些情况更像强迫症，刚才观众朋友们谈的这些是有强迫意向。

主 **您遇到的其实更像是一种病，它是一种病态化的存在，而他们说的这些，我觉得其实有很多是生活当中不容易改掉的习惯，**

可以这样理解吗？

于 可以这么理解。我刚才举的上下楼梯的例子，肯定会导致他迟到，也就是说这种行为会影响他的社会生活，影响他上学或工作。我不知道两位观众说的那个情况对他们的工作、生活有多大影响，如果影响到了他们的社会生活和社会功能，那就是另外一回事了。

主 方老师，从您的咨询经验来讲，有什么强迫症的案例可以跟我们分享吗？

方 我非常同意于老师刚才的讲述。其实，我们每个人都会有一些强迫的行为、强迫的思维，这很正常。但是如果到了比较极端的状态，就真的要去注意，可能还要去医院检查。

我知道一个叫作“强迫计数”的案例：有个人走到一个大楼下面，看见上面的玻璃窗户，就不由自主地要数，而且一定要数清楚有多少层。更可怕的是，如果数错了，他就要重数。我们知道，这件事情其实并没有太大的实质意义，它不像我们检查一下窗户，对我们生活还是有意义的，但是他一定要做，而且不能错，必须要做完整，这样就变成一种强迫了。

于 我说一个小例子，不知道在座的有没有谁家的孩子在学钢琴等乐器？孩子在练习一段曲子时，他其实已经会弹了，为了练得更熟，他会反复地弹。如果一个小节弹错了，正常情况

下我们会重新弹一下这个小节，然后再继续往下弹。但有一部分孩子不会这样，他一定要从头开始弹。

主 **跟我们录节目一样，如果我说错了，被卡住，那重新继续说就好了，但有的人一定要从头开始录。**

于 对，所有的嘉宾都得听他再说一遍。实际上，这就是比较轻微的一个强迫行为。我说的那个孩子，如果他考级的曲子不是很长，比如三四级的曲子，他这样弹还是可以的。如果他弹的是五六级以上的长曲子，这样总是错了就从头弹起的话，那基本上可以判定是强迫行为。

主 **没错，我想问一下方老师，强迫症大概可以分为几大类型呢?**

方 通过我们刚才举的几个例子来看，强迫症大概可以分为两类：一类是强迫的行为；一类是强迫的思维、观念、想法。

主 **可以给我们解释一下强迫的思维吗?**

方 比如说，我总不由自主地认为，这件事情我做得不好；我不由自主地认为，这个人对我有敌意。总是有一些观念重复不断地出现：我明明跟他确认过了，他对我没有什么恶意，但我就是觉得他对我不好，很多无法控制的念头会不断地冒出来。

主 **我觉得这其实也是一种自我的不认可。**

方 跟这个有非常大的关系。

主 **也请教一下堪布，在佛教的理论体系当中，强迫症形成的原因有哪些？**

慈 精神方面的问题，佛教讲得很多，主要是关于人的贪、嗔、痴等各种各样的烦恼，以及解决这些烦恼的方法。这些都与抑郁症和强迫症的成因有一定的关系，但我还没有看到佛教里有专门针对强迫症的方法。不过，对于控制一些强迫行为，尤其是控制强迫思维的方法，佛教是有的。

主 **为什么会有强迫行为和强迫思维呢？可以理解为它是“愚痴”的“痴”吗？**

慈 这与“愚痴”的“痴”当然有一定的关系，但如果说是“愚痴”的“痴”导致了这样的问题也不是很全面。到目前为止，在心理学上，关于强迫症的成因还没有非常确切的说法。各种各样的精神疾病，每一个都有它的特殊成因，但佛教里没有讲过具体成因是什么，所以我也不知道。

人的精神有一个承受度，压力或焦虑超过这个承受度后，就会导致各种各样的错觉。我们刚才谈到的这些强迫症，其中一部分其实是错觉。一个人的手没有那么脏，但因为他自己觉得脏、觉得手上都是细菌，所以反复地洗，这就是一种错觉。佛教里面有一些方法可以阻止这种错觉的产生，这些方法对强迫症应该是有用的，但好像没有专门针对强迫症的方法，因为两千五百多年前是否有强迫症还不好说。

主 **我觉得强迫症可以归纳为一种都市病，因为在都市文化发展起来之前，没有听说过强迫症，我觉得它是近两年新兴起来的，可以这么理解吗，于老师？**

于 这种理解实际上多少有一点片面。堪布刚才讲得非常对，有些人的这个强迫行为，初期可能是为了缓解他的压力。比如洗手，可能他对水有一种特殊的感情，接触水会觉得很舒服，所以他通过洗手，通过接触水去缓解某部分压力。而他一次次地去检查门是否关好，是对自己的一个认可——自己确实做到了，他要认可自我。我们没有做过区域发病方面的调研，可以说这与他生活在哪里没有关系，也许偏远的地方也有，只是他们不具备去看病和咨询的条件，不知道这是病，需要治疗。都市人可能对幸福感的要求更高，表述得也多，因此就出现了您刚才说的那种看法。

主 **当您遇到这种案例时，您会如何去疏导呢？**

于 这个没有统一的方案，要根据人的年龄、职业、性别，以及他的家庭成员情况而设定不同的方案。这个无法一下就说出一个具体的、针对所有人都有效的方案来，还是要具体问题具体分析。

方 我们具体举个例子来解释一下。刚才于老师讲，一个孩子去上学，他从楼上下来又上去，为什么呢？因为他不想上学，但是家长给他很大的心理压力，要求他必须上学，他的内在就产生了很大的冲突。这个冲突外化就变成了行为，我去上学、不去上学，我去上学、不去上学……如果这个冲突一直没有办法解决，就会越来越严重，迟到了之后就会变成更大的压力。然后他就觉得，自己去上学会被老师批评，还是回去吧；回去又被家长批评，还是去上学吧。这样不断地反复，冲突就变得越来越大了。所以我们要针对每个人的情况，找到他的压力源，以此来缓解他的心理压力。

主 **要直达病灶。**

于 刚才方老师说的这个例子，总结下来就是：控制加上反控制，接下来再控制这个反控制。控制加上反控制再加上控制，就成了强迫症了。比如说不想上学，这是他自己内心的想法，但是得控制着自己去上学；然后去的时候确实又不愿意，还要控制这个不愿意去的想法。

主 **所以久而久之，就形成了这种病态的强迫症?**

于 是的，就是内在冲突，冲突加冲突。

主 **堪布，刚才您也提到了，其实强迫症的成因可能没有那么明确，那您是不是可以跟大家分享一下佛教中的应对方法?**

慈 强迫行为来自强迫思维，如果强迫的思维能够得到控制的话，那么这些强迫行为基本上就可以得到解决。

解决办法有几种：一个是禅修。禅修是一种精神与心灵的综合治疗方式。人们生活中遇到了挫折，或者在工作中遇到的压力超过了自己的承受能力，可能会导致人精神崩溃，出现各种各样的思维，甚至是错觉。有些思维比较杂乱无章，无法规范化分类，所以在心理学上就没有明确的专业名称。但像这种比较类似的强迫行为，我们把它归纳起来叫作强迫症，另一类行为就叫作抑郁症。

无论能不能分类，都可以通过禅修让一个人的精神从崩溃逐渐恢复到正常的状态。当这个人的精神恢复到正常状态时，不管是抑郁、强迫，还是其他各种各样的精神问题，统统都能得到解决。禅修就是这种综合性的治疗方法。

另一个方法，就是当一个人出现这种强迫思维时，直接针对思维进行控制：首先他要察觉到这个问题出现了，然后用佛教里一些具体的方法，比如打坐，直接把这个念头打消。想要掌握具体的方法，需要去听一些相应的课程。简单地说，比如，当反复洗手的强迫行为或者念头闪现的时候，有一种方法是，这个时候先不要去想洗手，而去想另外一件事，这样注意力就转移到了其他东西上面，这个强迫的思维就不再继续了。注意力稍微转移一下，这虽然没有从源头上解决问题，但是可以暂时不让它继续。因为抑郁也好，强迫也罢，如果放任让它继续的话，就会越来越严重，而早期的时候这些都并不严重。

主 **都是小毛病。**

慈 对，小毛病。我们很多人都比较重视肉体上的疾病，但精神上的很多状况却不太重视，最后就会变成这样。其实早期这些都是非常容易解决的。当你有这样的想法时，给你提供另外一种思维的模式，让你去想一想别的事，这样强迫的思维就慢慢地忘掉了，再也不出现了。一次成功，两次成功，以后你随时都可以用这种方法去控制，这是一个方法。

佛教里还有另外一个稍微高级点的方法：不管是在产生强迫思维、特别生气，或是贪执某一个东西时，控制这种情绪的方法就是直接把冒出来的念头消灭掉，但这需要一点点的禅定功夫。

主 **需要有功夫在，才能用得上这种方法。**

慈 对。虽然我刚才讲，佛教里没有"强迫症"这样的名词，也没有讲到强迫症出现后该怎么办，但是它有这样综合性的治疗方法，我想这是非常管用的。

主 **好的。通过堪布精彩的解答，以及两位老师精彩的讲解，我们对强迫症有了更深层次的了解。这种内心的冲突也提醒我们，要关注自己的心理健康。正如堪布在《慧灯之光》中所说，"人的心是可以训练的"，而"探索自我、提升心灵，理应成为现代人滋养心灵、保持身心健康的重要一环"。我们也希望大家通过这一期《慧灯·问道》，能够更多地感受到来自内心的强大力量。这一期的节目到这里就要结束了，我们下一期再见。**

第贰章

莘莘学子篇

青春里的那些事儿

更潮更酷更前沿，我想要这样的佛教

——《慧灯·问道》“莘莘学子篇”第 1 期

主 各位观众，大家好！欢迎大家收看本期的《慧灯·问道》节目。

大学生活很新鲜，同时也有很多让我们无所适从的地方。如何在人生的关键阶段做出正确的选择？如何才能够找到人生未来的方向？今天，我们将围绕这些让我们感到烦恼和困惑的问题展开讨论。有请这一期的嘉宾——慈诚罗珠堪布！

接下来，大家可以向堪布提问。

1

观 堪布，您好！如今，不管科技还是人文都在逐渐发展和完善，新生的会取代老旧的。但我觉得佛教一直都没有什么变化，现代人读的还是古人留下来的经典。佛教会不会太守旧了？佛教为什么不能与时俱进呢？

慈 佛教肯定是需要与时俱进的。佛教里面的有些内容，虽然是两千五百多年前的观点，但是从现在的角度看，当时那些对世界、对人生的看法，有很多至今仍然很超前。比如，关于微观世界的结构和人类解决精神问题的方法等，这些观点确实非常新颖，到现在看起来一点儿也不落后。

主 **非常具有前瞻性。**

慈 对，但也有一部分内容需要与时俱进。早在两千五百年到三千年前，佛教就在印度诞生了。在当时的环境和历史文化背景下，佛陀为了让人们接近佛法，就讲了一些他们容易接受，但与现代科学有冲突的内容。虽然这部分内容不属于佛法的核心要义，但是现在一定要更新，否则现代人可能会无法接受。

另外，佛教的传播方式也需要与时俱进。因为时代在变，而且变的速度非常快。佛教里的一些方法是给当时的人讲的，比较适合那个时候人们的生活方式，但这些方法放在我们现在这个年代，其中有些可能就不太适合了。

主 **过时了。**

慈 对，已经过时了。那么，这些传播方法和表达方式就需要与时俱进。像汉传佛教的很多佛经，还是唐朝时期的文字和表达方式，一直都没有什么变化，所以我们现在读起来就很吃力。本来佛教讲的内容就比较深奥、复杂，再加上文字和表达方式没有后续更新，几乎没有白话文的佛经，这样很多现代人读起来就有点儿吃力。如果这些方面不与时俱进，人们就不太容易接受。

还有，佛教的一些观念也需要与现代生活相结合。如果不结合的话，很多人可能不容易接受，这些方面是要与时俱进的。

主 **现在佛教其实也在做着自己的努力，比如在传播方面，就选择了新媒体来推广自己。**

慈 对。另外，佛教还要与现代的一些观念结合。其实佛教，尤其是大乘佛教，是非常开放、非常人性化的。我们对佛教最大的误解是什么？就是很多人觉得佛教里面有很多规矩，学了以后会有太多的约束。这个不能做，那个不能做，这就成为一种压力，以至于很多人都不敢学佛。

其实不是这样的。从表面看，佛教的宗教色彩好像很浓，比如我们进寺庙，各方面的规矩特别多。但这些规矩并不是非遵守不可，只要有原则性的东西在就可以。大乘佛教的原则与核心就是利他，如果你的动机和目标是自利利他，那么无论方式怎样都可以。

主 **而且，这些规矩其实是为了帮助我们生起恭敬心。**

慈 对，是这样。

观 堪布，您好！感谢您今天来这里，我的问题和刚才那位同学的有点儿类似。您刚才也说佛教是一个比较古老的宗教，它有两千五百年以上的历史，而现在的科技发展特别迅速，尤其是目前已经进入人工智能时代。我想问一下，现代科技会不会对佛教有冲击？如果有的话，应该如何解决？

慈 对佛教来说，这是一个非常重要的问题。从表面上看，现在新科技的一些观念与佛教的理念是有一些冲突的地方，比如佛教的宇宙观、世界观，但佛教所讲的微观世界与科学没有任何冲突，而且一直都走在科学的前面。比如新近发表的经典物理学、相对论和量子力学等非常高端的科研成果，不但与佛教没有任何的冲突，而且还印证了佛教在微观世界方面的很多观点。

在宏观世界方面，佛教讲的宇宙观和世界观不是现代科学的观点，而是地心论。为什么呢？因为在当时的印度，大家都认为地球是宇宙的中心，其他所有的天体都在地球周围转。这其实是视觉带来的一个错觉，但因为当时人们缺乏先进的仪器去观察天体，还没有高科技，所以大家都这么认为。

这个认识并不太重要。所以，既然大家都这么认为，佛也就没有否定他们的认识，而是在此基础上，再添加一些其他的东西。这个“其他的东西”，才是最重要的。

如果一开始就去争论一个不太重要的观念，然后想要再传授一些东西给他们，那他们可能就难以接受。用佛教的话来讲，这就断掉了他们的善根。也就是说，从此他们就没有机会学习佛法了。因此，佛就先忽略这部分内容，他们认为怎样就怎样，不与他们争论，也就是佛教里讲的随顺世间。佛这么做是因为考虑到当时的受众、文化背景，以及当时印度的一些宗教信仰，所以没有去反对。但是，按照现在科学界的宇宙观，地心说是不正确的，这与当时的佛教观点有所冲突。我刚才讲，佛教有一部分内容需要更新，这也是其中之一。

但在微观世界方面，近二十年来，脑神经科学、生命科学的一些重大发现，以及量子力学领域非常令人兴奋的发现，与佛教的观点非但没有任何冲突，反而可以互相印证。

此外，有一本佛经叫作《大涅槃经》，在所有佛教经典里，它的地位非常之高。无论汉传佛教还是藏传佛教，都认为它非常重要。佛在这部经里说过，未来他不与世人争，但世人会与他争。佛为什么不与世人争呢？因为世人的眼耳鼻舌身，也就是视觉上看到的、听觉上听到的、嗅觉上闻到的、触觉上摸到的……这些东西在某种层次上是对的。虽然这不是一个终极的真相，但是在某种程度上，至少在现实生活中，在我们用感官去了知这个世界的时候是对的，所以佛不会和世人争。然而，由于佛教讲的是一些很深奥的内容，世人不能理解，所以他们会与佛争。

我们肉眼所看到的这个世界，不是世界的真相，但佛不会否定它；如果我们换一个显微镜去看，世界就不是我们肉眼所见的样子，但这个结果佛也不否定；显微镜也有很多不同的类别，如果用高倍电子显微镜去看，就又会是另外一个结果，但这个结果佛也不反对。总之，会得到什么样的结论，取决于我们用什么样的工具去认知、了解这个世界。这些在某种程度上都是对的，都是可以接受的，所以佛不会与世人争。

未来，科技在发展过程中的研究发现，虽然还不是终极的真理，但是在某种程度上，这些可以算是相对真理，佛对此都不反对、不否定。世间有智慧的人所肯定的，佛也肯定；他们所否定的，佛也会否定。

“不争”是原则性、总结性的一句话，这句话在佛教里面非常重要。所以，科学技术的发展成果，与佛教的理论永远都不会有冲突，因为这里面有一个很大的空间。

3

观 堪布，您好！现在很多发达国家，佛法并不是那么昌盛，学佛的人也比较少，而一些不太发达、相对贫穷的国家，学佛的人比较多。佛法里面不是说，“善有善报，恶有恶报”吗？为什么会有这样的情况出现呢？

慈 这个问题很有代表性，很多人都有这种想法。我想这个是历史原因造成的。释迦牟尼佛当时只出现在亚洲，他没有出现在欧洲，也没有出现在美洲。如果释迦牟尼佛当时在欧洲、美洲，那么今天佛法最兴盛的地方就不是亚洲，而是欧洲和美洲。

当释迦牟尼佛出现在印度时，交通和各种传播工具并不像今天这么便利，没有飞机，也没有现在这么方便的轮船。因此，要跨越海洋到彼岸去传播佛法，不是一件容易的事情。所以，那时佛教就把印度作为传播佛法的中心，然后辐射到东南亚各国，这个是由历史决定的。

另外，为什么有佛教的地方是比较贫穷的地方？我们可以这么认为，这与工业革命有关系。工业革命起始于欧洲而不是东南亚，所以欧洲的经济发展就稍微快一些。东南亚以及其他很多地方，科技的起步稍微晚一点，这和他们的经济发展也有一定关系。这些都是客观因素或者是历史原因造成的，与佛教的“善有善报，恶有恶报”没有太大关系。

当时印度佛法比较兴盛，有很多人非常虔诚，他们也特别喜欢供佛、修庙，积累了很多的福报。那个时候积累了福报、种下了很多善因、做了很多善事的人，是否就是今天的印度人呢？不一定是。这些人现在有可能在比较发达的国家当中，享受他们过去积累的福报。所以我们不能认为，印度人永远都是印度人，欧美人永远都是欧美人，不是这样的。

主 **因为过去种下的善因，有可能他这一世会去发达国家享受自己之前积累的福报。**

慈 这都有可能。

4

观 堪布，您好！我的舍友有时候不顾他人的感受，乱翻别人的东西，侵犯他人的隐私，而且该睡觉的时候不睡觉，跟他说了也不听。请问您有什么好的建议来解决这个问题吗？

慈 有几个建议你看行不行。第一，如果你有一些非常私密的东西，绝对不能给别人看的，那就锁在自己的箱子里，每个星期换一次密码。（众笑）

主 就不给他机会。

慈 对，不要给他机会，这样他也就没办法了。第二，如果不是很隐私的东西，他来翻一翻，你也别太计较了，反正也不是很隐私的东西，没关系的。

主 愿意看就看去吧。

慈 对，看就看吧。第三，你们寝室里的人可以开个会，民主决定晚上什么时候睡，早上什么时候起。大家商量决定后，如果其中某一个人不遵守这个规矩，那就适当地惩罚一下他。

主 比如说，让他打扫卫生。

慈 对，这样我想就能解决这些问题了。

主 **重要的是用一些善巧的方法，避免让大家反感。在这个情况下，把问题说明白就好了。**

慈 对。如果后面的方法实在不管用，在没办法的情况下，那就调整自己的心态，这也是可以的。要认识到，人的适应能力是非常强的。如果觉得周围的环境特别糟糕，心里不接受、抗拒，那么身边的任何一件事情，哪怕是很小的事情都会影响到你，让你特别烦躁，所以你要接纳、适应这个环境。想适应这个环境，就要从内心去调整自己。调整好了以后，哪怕再大的声音也不会影响到你。

实在行不通的情况下，就去调整自己，不要去要求别人。这样的话，那些问题应该都是可以解决的。

观 **谢谢堪布！**

主 **如果我们没有办法改变环境，那就只能通过改变自己来适应这个环境。总不能让自己永远不开心，对吧?**

慈 对！

主 **非常感谢堪布的精彩解答，希望今天的节目能够帮助大家解开心中的疑惑，我们下期节目再见！**

太忙太累太彷徨，这青春到底怎么了

——《慧灯·问道》“莘莘学子篇”第2期

主 观众朋友们，大家好！欢迎收看《慧灯·问道》。

在上一期节目里，我们请慈诚罗珠堪布为大家解答了很多与大学生相关的问题，这期节目接着请堪布为我们答疑解惑。

1

观 我很小的时候就随母亲皈依了，也一直在做一些功课，但是现在我快考大学了，每天课很多，学习很忙，所以每天仅有少量时间念一些课诵，以及修习一点儿不太花时间的修法。我现在每天大概睡七个半小时，如果要抽出更多的时间来修行，就会影响睡眠，第二天的精神状态也会不好，时间久了担心会影响身体。所以我想请问堪布，有没有好的建议可以平衡学习、修行和身体健康呢？谢谢。

慈 我想你现在可能是在读高中。

主 **高三。**

慈 对，高考非常重要，所以你现在要以学习为主，学佛、做功课、打坐，这些以后做都还来得及。人需要足够的睡眠，否则不仅会影响身体健康，还会导致学习、工作各方面的问题，比如第二天没有精神，学习的时候记不住等。所以我建议，在这期间还是以学校的学习为主，等高考结束，上了大学，稍微轻松一点儿的时候，可以把一部分时间投入到学佛当中。

不过，即使你现在再忙，还是可以适当地看看佛教的书，或者打打坐，哪怕是五分钟也可以。这对你的学习，还有心灵的健康成长等各方面都非常有帮助，不要完全放弃。但是暂时不要占用睡眠时间，你刚才说要睡七个半小时，那就七个半小时，不要增加你的功课，这些以后做也来得及。

主 **佛教一直以来都是帮助大家解脱烦恼，而不是要给你再增添烦恼。所以像堪布所说的，你可以利用课余时间，去打打坐，放松一下自己，劳逸结合，反而可能会提高你的学习效率。**

2

观 **我是在校大学生，在学习佛法之后，也深感佛法博大精深，关乎宇宙、人生的真相。这就导致我对世间的知识缺乏兴趣，无法静下心来踏实学习，这该怎么办？**

慈 佛教里面的很多东西，你真的学进去以后，会发现特别吸引人。比如说打坐，深入之后就会上瘾。但你毕竟是一个在家人，还要生活，所以世俗的这些东西是一定要学的。你也许觉得这些世俗的学问没有太大的价值，或者对其不太感兴趣，但请千万不要这样想。如果说世俗的学问有什么价值的话，那就是在你步入社会以后，能够让你找到一个理想的工作，有一份比较稳定的收入，建立一个幸福的家庭。从另外一个角度讲，这些都是你以后修行的基础，如果没有这些基础，你就没办法生活下去，修行也无法进行，除非你出家。

所以，世俗的东西也有它的价值，世俗的这些知识、技术，在它自己的领域当中是非常有效的。虽然佛教讲得很高大上，但是如果因此而摒弃其他一切，那也是不行的。人要生活，因此必须要用一定的时间，而且是足够的时间去学习世俗里的这些知识。当然，这些与佛法相比较的话，肯定是有差距的，但是不能这样对比。

佛法也如此。在佛教的领域，在修行的过程中，尤其是在人们解决一些人生的重大问题时，它是非常有帮助、有价值的。比如，在面对生老病死，以及一些心灵方面的问题时，科学、哲学等都显得特别的苍白无力。

因此，你现在要做的是找到一个平衡点，找到这个平衡点不难，稍微调整一下就可以了，两者都是必需的。

主 **一把钥匙开一把锁，每一种知识都有它自己的功能和作用。**

慈　对。

主　**其实我们现在的学习，是为了今后能更好地修行而积累资粮，是不是这样？**

慈　对。有很多父母会告诫子女：你学佛，我不反对，但是你不要学得太深。

主　**不要学痴迷了。**

慈　对，是这么回事。他们担心子女学得太投入之后，不要工作、不要家庭了。所以我们学佛的人，尤其是年轻人，一定要找到一个平衡点。一方面你可以很好地学佛，另一方面也可以有一个稳定的工作和幸福的家庭。从世俗的眼光看，有让大家羡慕的家庭和事业，同时也有非常丰富的精神生活，这两者一点儿都不矛盾。我们要选择走一条平衡发展的路。

3

观　**堪布，您好！由于对佛教的不了解，有一些同学觉得佛很吓人，因为他们听了一些民间的传说，觉得佛会惩罚不尊敬他的人。您怎么看？**

慈　第一，他们可能对佛教不太了解；第二，也许是受到一些民间信仰或者其他宗教的影响，比如基督教里的“上帝的惩罚”等。

实际上佛是不会惩罚任何人的。我们做了坏事，一定会承受不好的果报，但这不是佛的安排，更不是佛的惩罚。佛教讲因果、缘起。缘起的意思就是：如果你自己没有做错的话，那么任何人都无法惩罚你，包括佛和菩萨。因为你没有做错事情，无因无缘，佛不可能，也没办法惩罚你，佛没有这个能力。反过来也是一样的，如果你自己做错了，佛很多时候也帮不了你，没办法救你。

所以，佛教就给我们指明了一条路，让我们自己去走。如果我们自己走得好，那就没有任何问题；如果我们自己没有走好，那整天烧香、拜佛、求佛也无济于事。佛教跟其他宗教以及民间信仰之间很大的不同，就在这里。

观 **好，谢谢堪布。**

主 **佛教的因果是否可以理解为一种自然的规律？**

慈 对，佛教很强调因果。有一本佛教的书，你们可以在网上搜来看一看，内容不多，不会耽误很多时间。这本佛经叫作《稻秆经》，它讲了佛教的一个核心思想——因果，它把因果分为内在的因果和外在的因果。

比如花的生长需要什么条件呢？需要土壤、湿度、温度、空间、时间等。这些条件全部都具备了以后，你想挡也挡不住，它一定会开花结果；如果其中某一个条件不成熟的话，那么你想它结果也不可能。这叫作外在的因果，它是一个自然规律，这个规律永远都是存在的。

另一个就是内在的因果。比如我们去做一件不好的事情，像偷窃别人的东西，并且成功地偷到了自己想要的东西，这件事情就这么过去了，此后我们并没有发现什么其他的问题。但是没有发现不等于没有发生，我们曾经起心动念去偷别人的东西，然后还转化成行动，最后成功地把东西偷到手了。在这个过程当中产生了一个非常负面的能量，这个能量就藏在我们精神的深处，用佛教的话来讲，这叫作阿赖耶识。

阿赖耶识是我们精神最基础的层面，它就像计算机的硬盘，偷盗过程中所产生的负面能量就储存在我们的阿赖耶识中。到了一定的时候，也许是十年以后，也许是一百年以后，也许是几千年以后，总有一天它会成熟的。当它成熟的时候，就会导致我们贫穷、受苦等，这叫作因和果。

一切都在这样的因果当中循环。如果硬盘里面没有数据，屏幕上就无法显示出东西；同样地，如果你自己没有做错的话，你的阿赖耶识当中就没有这样的负面能量，那么谁都没办法惩罚你。所以说佛教讲因果。

主 **其实更多的是自己内在的原因，而不是外在的影响。**

慈 对。所以，可能是他们对善恶因果的理解错了。

主 **您说的内因和外因跟现代哲学系统是很吻合的，哲学系统里也讲内因和外因，主要矛盾、次要矛盾这些。**

慈 是。比如产生一朵花的条件，我们现在知道的就这么几个，但是这样一棵植物要生长的话，还需不需要其他条件呢？也不好说。因为在这个空间里面，还有很多物质存在，有些物质和能量是我们看不见的。所以，在佛教的因果理论中，如果一个人今天遇到一件不开心的事情，表面上看起来这是某种原因导致的，但背后也许还有其他比较深层次的原因，这是很难否认的。很多时候我们认为这是巧合或偶然，可是佛告诉我们，这里面其实没有那么多巧合，还有一些我们没有看到的东西在发挥作用。

主 **所谓的巧合，其实更多的是因缘的和合。**

慈 对，都是因缘和合。

4

观 堪布，您好！现在我们在学校里很难找到知心朋友，大家似乎都很自我，很难敞开心扉去互相帮助；而且在面临各种竞争的时候，大家也互相欺骗、伤害友情。有没有什么方法可以改变这个现状，调整我们的心态呢？

慈 作为一个人来说，朋友真的非常重要。朋友可以说是我们的充电宝，为我们补充能量，是我们每个人都不能缺少的。

有这么一个实验：当你独自背包旅行时，前方有一座很高的山，然后让你去猜这座山有多高。这时你猜出来的数字，一般都会比它的实际高度高得多。因为你孤身一人，背包也很重，心里会有恐惧，所以就觉得这座山很高。但是，如果有两三个朋友在一起，这时再让你去猜山有多高——虽然山还是这座山，你背着的也是同样重量的背包，但此时你猜出来的数字就会比这座山的实际高度低一些。为什么呢？就是因为你身边有朋友，心里不害怕了，所以觉得问题不大，没有关系。

我们的生活、学习等很多方面都是这样。当遇到问题的时候，希望有一个人可以让我们尽情倾诉。如果没有这样的人，所有问题都要自己去面对，那么除非你的内心特别强大，不然会很艰难。所以朋友是必须要有的。

不过有一点很矛盾，正如你刚才说的，虽然不是所有人都那么负面，但确实有很多人是很自私的，这与他们所受的教育和成长环境有关系。可是我想，不可能所有人都是这样，还是会有好人的。如果想要找到一个好的知心朋友，前提条件就是要改变自己的心态，你要对别人好。

主 **以真心换真心。**

慈 对，这是一个前提条件。这样的话，你在学校或者在其他地方肯定会遇到一些好的朋友。首先你要调整自己的心态，多为别人着想，自己不要那么自私；当其他人需要帮助的时候，你就全力以赴地去帮助他们。无论在校内还是校外，好人肯定是有的，只要你愿意多为别人着想，在这个过程当中，你一定会找到好的朋友。

主 **而且每个人的心里都有善的种子，只要你多用你的善心去浇灌它，这个善念总会萌发的。**

慈 你说得对。每个人内心都有善良的一面，该怎样启动和激活它？就是用善良的东西去激活，然后它也会变得善良。如果身边发生的都是负面的事情，那么心里的善良被遮蔽之后就永远出不来了。比如说，如果我们手里有一支蜡烛，那么我们就可以点燃很多很多的蜡烛；如果我们没有蜡烛，没有打火机，也没有任何其他火种的话，那就连一盏酥油灯都没办法点燃。所以，首先自己要真诚，并且尽量把善的一面传递给别人，这样就可以点燃很多善良的心灵，你也就可以找到一个、两个，甚至一大群非常好的朋友。

主 **这也就是为什么现在我们要弘扬、传递正能量，因为这样我们周围的正能量就会越来越多，自己心里也会越来越明亮！**

慈 对，佛教里面这一点讲得特别多。一个人的爱好，还有他的一些行为，跟他平时交往的朋友有密切关系。我们先把自己善的一面点燃，就可以影响到很多人，这些人再继续影响别人……把善的一面传递了以后，即使是原本比较自私、不那么善良的人，也可能会慢慢地发生改变。人的好坏不是固定不变的，随时都有可能发生变化，与教育、朋友、环境等都有关系。所以现在我们能做的，不是先要求别人把善的一面拿出来，而是先把自己善的一面拿出来，然后其他人可能也会跟着受影响，变得越来越善良。

主 感谢堪布为我们做出的精彩解答，让我们对佛法有了一个初步的了解。在座的各位同学非常幸运，在这样的年龄就能接触到佛法，相信佛法的智慧将带给大家不一样的人生体验。

最后，我想以《慧灯之光》里的一句话作为本期节目的结语："人有智慧，这是人与其他动物最大的区别，也是人特殊的优点。要发挥这个优点，就要不满足于温饱，就要力图去看清这个世界，看清人生的意义究竟何在。"

希望今天的节目能够为大家答疑解惑，感恩堪布的精彩开示，谢谢大家！

什么是爱情

——《慧灯·问道》"莘莘学子篇"第 3 期

主 各位观众朋友们，大家好！欢迎大家继续收看《慧灯·问道》节目。

大学校园也是一个小社会，无论是人际交往还是恋爱、情感，都会面临各种各样的问题。我们该如何正确面对这些问题呢？本期节目我们继续邀请慈诚罗珠堪布，就大学生的人际关系、恋爱、情感等方面的问题，为大家进行解答。

让我们一起欢迎慈诚罗珠堪布！

1

观 我是快要毕业的大学生，想请教您一个问题：像我们这样马上就要步入社会的大学生，该如何处理职场里的人际关系和工作关系呢？谢谢！

慈 职场上的工作关系、人际关系，这个用一句话可能难以说清。

主 **这是很多大学生都要面临的问题。**

慈 对。我想，无论国内还是国外，在临近毕业的时候，很多大学生心里都有一个问题：我到底要找什么样的工作？面临这个选择时，很多人心里都有巨大的压力。我想，做什么工作固然重要，但更重要的是把人做好，无论上学期间还是毕业以后都是如此。想要把人做好，除了我们在大学里面学到的专业技能以外，可能还需要补充一点传统文化的知识。要把人做好，这是第一。

第二，内心要坚强。人的内心坚强不坚强，先天会有一些差别，但是通过后天的努力，每个人的内心都可以变得很强大。做人的方法，传统文化和佛教里面都有；但是训练心的具体方法，传统文化中讲得不多。在佛教里面就有很多非常实用的方法，能够让我们的内心变得坚强、勇敢。你可以从中学习，让自己的内心变得强大。当内心强大了，不管在什么样的职场，选择什么样的工作，都没有太大的问题。你一定会找到一份好工作、一群好朋友，但前提条件就是先让内心强大起来，这个非常重要。

第三，平时在学习或者工作的时候，必须要学习多关心别人，这是非常重要的。平时我们会想："自己的问题都解决不了，凭什么要关心别人、解决别人的问题呢？"其实不是这样，关心别人实际上是关心自己的最好的方式。关心别人的时候，你付出的和你得到的完全不同——你付出了一点点，但是回报会更多。

这几个问题都非常重要。其他的，像工作关系等，可能是比较笼统的话题，需要具体问题具体分析。

主 **很细致。**

慈 是。但是刚才讲的这几点，无论什么时候都用得上，应该会有帮助。

主 **堪布，我替他补充一个问题。因为您刚才在回答的时候也说过，佛教里面有很多方法可以让我们内心变得强大起来，那我们该如何契入让自己变强大的方法呢?**

慈 有两个方法。第一个是调整观念。我们的一些观念建立在非常脆弱的基础上，一旦这个基础有一点点动摇，我们的整个观念都会发生巨大的变化。我们对很多东西都拒绝接受，在不能接受又无法逃避的时候，内心就会产生很多痛苦。我想，通过一些佛教的方法，比如用自己喜欢的、能够接受的方式，就可以改变原本的一些观念，这个很重要。

第二个是禅修、打坐。现在禅修在欧美已经非常流行了，而且已经从欧美传到了日本、韩国。我想，在中国肯定很快也会有很多人去打坐。

主 **现在欧美有很多的禅修中心。**

慈 是的。除了佛教的禅修中心以外，在大学、医院，还有大型的企业里面，也有人开始禅修了。因为人们发现，想要在超强压力、激烈竞争的情况下生活，没有强大的精神是活不下去、扛不住的。他们发现了一个非常有效的方法，就是禅修。所以你也可以学一下禅修的方法，现在很容易，在网上就可以学习。先学一些禅修的方法，然后有空的时候去打坐，这样内心就会逐渐强大起来。强大了以后，在工作和人际关系中遇到困难的时候，你自己就可以化解，这样就不会有工作和生活上的问题。所以，让自己强大起来确实很重要。

主 **以前你弱小的时候，给你一拳，你可能就完了；但是现在变强大以后，再大的风浪对你来说，可能都没有什么影响。**

慈 对。比如说，当我们在物质方面比较匮乏的时候，每个人都在想，如果有一天发了财，那么所有的问题就都能解决了，除此之外我什么都不需要。但实际上当人们真的有了钱以后，就会发现很多问题还是无法解决。

主 **都不是钱的问题。**

慈 对，不是钱的问题，而且钱根本解决不了这些问题。这个时候，人就会主动地偏向于精神方面，因为他知道精神方面出现问题了。就像一台电脑，它的硬件再好，但如果里面没有好的软件，也做不好工作。这是同样的道理。不管是修行，还是工作、生活、学习，我们都需要提升精神方面的觉悟。因为精神是人非常重要的一部分，精神没有得到提升，或者是出现了什么状况的话，对一个人来说，确实是一个非常大的问题。

主 **一个人就算身体再好，没有灵魂的话，也就是个“植物人”而已。**

慈 对，是这样的。

2

观 **堪布，您好！我想问一个我们大学生生活中的问题：用佛法怎样帮助大学生找到恋爱对象呢？如果失恋了，佛法又怎样来帮助我们？谢谢堪布。**

主 **这是现在很多年轻人非常关注的问题。**

慈 很多人失恋以后走不出来，无法自拔，甚至发展到抑郁的程度。这种情况下，提供一些佛教的观念以及打坐的方法给他们，确实非常管用。在解决精神上的问题、排解负面情绪方面，佛教是非常有办法的。

具体来说，一个是观念方面的，这个刚才已经讲过了；还有就是一些打坐的方法。比如说你失恋了，特别难受，这个时候该怎样化解这个难受的感觉？有些人的方法就是去发泄、酗酒，更严重的就是吸毒，也有去发泄吧砸东西的，在发泄吧砸东西还要付费。

主 **用一些不太理智的方法去排解自己的负面情绪。**

慈 对。还有哭吧，哭吧就是提供一个场所让你到里面去哭，在流了很多眼泪之后，人会觉得稍微轻松一点。

主 **在一线城市里有很多这样的地方。**

慈 对。但哭吧也好，发泄吧也罢，这些都不能解决问题。只不过当时发泄了以后，人稍微感觉轻松一点而已，实际上问题并没有得到解决。所以我想，最好的方法不是去发泄吧、哭吧，而是应该进入禅吧。

主 **禅吧，禅修中心?**

慈 对，去打坐，然后这些问题真的就可以化解了。还有，当你的观念改变以后，也能够轻松化解痛苦。比如，你特别在乎、执着于某一个人时，这个执着好像是什么东西进入你的内心一样，一直都放不下，但其实是你自己的内心抓住这个东西不放。

主 **是我们主动地去抓住不放，对吗?**

慈 对，并且抓得越紧就越难受。比如，我们的手紧紧地抓着一个东西，这时有一个强大的力量要把我们手里的东西夺走，在这种情况下，我们受到的伤害可能会很大，而且我们抓得越紧，这个伤害就越大，所以这个时候要学会放手。如果我们把手松开了，那么至少我们的手不会受伤。

但在很多时候我们是怎么做的呢？就是不面对现实。现实当中我们已经失去了，再怎么样都不可能回来了，但是我们不愿意接受这个现实，所以就变得非常痛苦。这个时候用一些佛教的方法改变观念，就等于是把这个手指头松开了，此时虽然手里的东西失去了，但是手不会受到任何伤害。

主 **就像之前网络上很火的一句话——“握不住的沙就不如扬了它”，就让它随风飘去算了。**

还有一个问题，您刚才的回答主要是针对有过恋爱经历的人，但对于很多没有谈过恋爱的女生来说，她们很好奇：我单身这么长时间了，怎么才能够获得一段完美的恋情呢？

慈 佛教在恋爱问题上最有效的帮助是针对失恋的痛苦，这确实非常有用。当然，如果你没有找到对象，因为这个事情很着急，那佛教也能提供一些帮助。

很多单身的人很着急，为什么会这样呢？着急的原因可能来自很多方面：有些来自父母的压力；有些来自自己的担忧——如果没有配偶，在我生病时或老了以后，会不会没人关心呀？我会不会很惨啊？然后就更加着急。

那这个怎么办呢？我想，你可以去学佛、修行。这样的话，首先，你在任何问题上，都可以保持比较平和的心态；

其次，你可以淡定地看待这件事，不必那么着急，即使现实生活不太如意，比如真的找不到对象，也可以面对很多问题和困扰，因为你的内心已经很强大了。在物质方面，现在的生活模式跟以前不一样了，尤其是以后生活会越来越智能化，电脑和手机可以帮助我们解决很多问题，所以不像以前那样非得靠一个男人生活。

主 **女生也可以顶起半边天来。**

慈 对。实际上，物质方面是不需要靠别人的，主要还是我们的精神方面有太多顾虑：我会不会这样，会不会那样？别人会不会质疑我为什么这么大年龄还没有结婚？别人会不会觉得我有什么问题？……但是，当内心变强大以后，这些就都不是问题了，你不会因此而受到太多影响。

另外，人们在学佛以后会更加善良，懂得帮助别人，心态逐渐变好了，面相也会随之转变，这些应该都有助于你找到对象。还有，如果我们去念佛，求观音、度母，这样的话，姻缘早一点成熟也是有可能的。

主 **对，所以还是要注意提升自我修养，这个很重要。还有哪位同学有问题？**

3

观 **您好，堪布！我想问一下，您是如何看待爱情的？**

慈 我怎么看待爱情？（众笑）

主 **这个问题非常直接。**

慈 我想，作为红尘当中的一个世俗人，也就是佛教说的在家人，只要没有涉及违法犯罪的行为，爱情是正常人的一个内心反应。如果你想问佛教怎么看待爱情，那佛教尤其是大乘佛教，它比较排斥的是嗔恨心。嗔恨心就是生气、发脾气，这与大乘佛教的核心思想有比较严重的冲突。而这个爱，不管是爱情的爱，还是慈悲的爱、爱心的爱，虽然它们并不完全相同，但也有一些相似的地方。所以在大乘佛教里面，没有过多地去排斥爱情。可以说，爱情是正常人的一个正常的心理反应和行为，应该是这样。

观 **还有一个问题，爱情的本质是什么？**

主 **爱情的本质，充满哲学性的一个问题。**

慈 爱情的本质，我想应该是自私吧。

主 **爱情的本质是自私，是占有。**

慈 对，占有也是自私。当然，爱情里面有很多的成分，但是我想，主要的一个成分可能是自私。你们觉得呢？

主 **想占有一个人，让她只与我恋爱，然后她的感情只属于我，她**

心里想的也都是我，这样其实就把我的意念强加于她了。

慈 对。如果说爱情百分之百都是自私，那肯定也不是这样，但是它的主要成分、它的本质是什么呢？我想应该就是自私。

主 **非常感谢堪布的精彩解答。也希望今天堪布的解答，能够解开大家心中的疑问，我们下一期《慧灯·问道》再见。谢谢堪布！**

慈 谢谢。

爸妈，想说爱你不容易……

——《慧灯·问道》“莘莘学子篇”第 4 期

主　观众朋友们，大家好，欢迎大家收看《慧灯·问道》！

在上一期节目里，我们请慈诚罗珠堪布为大家解答了很多与大学生相关的问题，这期节目接着请堪布为我们答疑解惑。首先让我们掌声请出尊敬的嘉宾，慈诚罗珠堪布。欢迎您！

1

观　我是一名皈依过的大学生，请问在学习期间该如何修行？大学期间最好的修行方法是什么？

慈　在学校的时候，有些学佛的方法可能不是很方便。比如四个或八个同学住在一个寝室里，你一个人去打坐、做很多的功课，确实有点不方便，除非你在外面租房子。不过没关系，这些你现在暂时可以不做。

我觉得，在学校还是要以学习为主，但同时也可以修行佛法。比如平时坐车、走路的时候，可以念一些自己喜欢的佛教咒语，像观世音菩萨的心咒“嗡嘛呢巴美吽”等；还有《心经》，全文只有200多个字，把这个背下来之后，随时随地都可以读诵。此外，你也可以通过手机去听一些佛教的课程，看一些佛教视频，现在这些都非常方便，你可以利用业余时间来学习。

学校放假的时候，如果有一点空闲时间，就可以在周围或者其他地方，找一个有条件学习、打坐的场所，农家乐、度假村或者寺庙都可以。然后用一个星期左右的时间，静一静，打打坐。另外，在大城市里有很多佛教团体，你也可以去这些佛教团体里学习、打坐。如果星期天稍微有些时间，就不要在寝室里面打坐，方便的情况下，可以跟这些小规模的佛教团体一起诵经、打坐，这样你在大学期间学习佛法的问题就解决了。

我建议这个时候还是以自己的学业为主，同时也兼顾打坐修行，这真的很重要。现在很多年轻人，包括大学里面的学生，内心非常浮躁。不仅浮躁，还有很多精神上的问题，我们也经常听到、看到大学里面发生各种各样的事情。所以这个时候，用一个既科学又实用的方法来调节自己的心态，不仅对学习有很大的帮助，而且对健康地度过大学生活等各方面都有助益。所以学佛一定要学，但不要影响自己的学业，我想这应该是可以圆融的。

主 要找到这两者之间的平衡点，没有办法实修的话就多闻思一些。

慈 对，也可以的。

主 **利用这个时间丰富自己，也是很好的机会。**

慈 是，如果没有时间正式地去打坐的话，平时听听佛教的课，看看佛教的书，很大程度上也可以让我们的心静下来。心静下来了以后再去学习，效果就不一样。

2

观 **我也想问学习、生活中的一个问题：有的老师可能会厚此薄彼，甚至是偏心眼。觉得受到了不公平对待的学生，感觉很痛苦却又无法表达出来，这时候该怎么办？**

慈 遇到这个问题的时候，有三个步骤你可以去试一试，我想肯定会有帮助的。

第一，当你认为老师有点偏心、不公平的时候（实际上不一定），首先不要下定论，因为这种情况也许是自己的误解。尤其是第一次出现这样的事情时，如果当时没有处理好，那么当它再次发生时，由于自己心里已经有了这样的成见，就会导致更多的误解。老师的很多言行举止其实根本就不是针对你，也不是偏心，但是你就认为他不公平、不公正，很多这样的想法就会冒出来。这是因为之前内心已经有了这样的成见，它在发挥作用。所以，当你发现有这样的问题存在的时候，先不要忙着下结论，要确定一下到底是不是这样，也许不是自己想的那样。

第二，如果确定情况属实的话，就得想想，为什么老师对你不好，对他好呢？也许是你不听老师的话、学习不好，而他听老师的话、学习好。是不是这样的原因呢？如果是，那你可以在自己的身上创造这些条件，也可以更多地去听老师的话，学习上更努力一些，这样你和他不就一样了吗？老师从此以后也就不会偏心了。所以首先要在自身上找原因，看自己有没有出什么问题。

但是，我们所有人都有一个同样的毛病，就是当我们遇到这样的事情时，我们从来不会想这个问题的根源是否在自己身上，而是习惯性地去找对方的问题。

主 **向外求。**

慈 是的。“是你不对！”“你凭什么这样？”我们会这么反应。但有些时候确实不是这样，人家可能没有这种想法，所以这些内省的方法都用得上。

第三，如果这些都确定了，自己没有什么做得不对，确实就是老师不公平。那这样的话，你不要希望去改变老师的行为、想法，因为这个对你来说可能有点难；要调整自己的心态，否则自己的学习可能会受到一些影响。即使老师有这样的问题也没关系，你就学习老师教给你的好的一面，尽量去消化不好的一面。当然，换作任何一个人，遇到这样不公平的待遇都是不好消化的，这个没有那么容易。有一个消化的方法，你可以去看佛教里的一部论典，叫作《入菩萨行论》。

主 《入菩萨行论》？

慈 对，《入菩萨行论》，你可以在网上搜。《入菩萨行论》里的安忍品，专门讲当我们遇到这些问题的时候，该怎样进行自我化解，用佛教的话来讲就是忍辱。

主 六度中的一个。

慈 对，你去看看。它是偈颂的形式，原文有点难，但是有很多的注解和讲解。你一定可以在里面找到一些适合自己的方法，用这些方法把它化解掉就没问题了，可以当它没发生过。

3

观 我是一名在校大学生，想问一个关于当代大学生与父母交流的问题。随着我们所学的知识不断增加、接触的东西不断增多，有时候就会出现一种类似于代沟的问题，认为自己的父母仍处于原地，不能进行有效的沟通。当出现这种问题的时候，我们应该怎样去解决呢？谢谢。

主 总觉得父母是错的。

佛

慈 这个问题确实非常重要。其实很多儿女并非不爱他们的父母，他们非常爱父母，很孝顺。可是他们与父母在一起的时候，经常为了一些没有必要的事情而拌嘴、争吵，导致了很多的家庭矛盾。这可能是因为我们从上幼儿园、上小学的时候就开始有学习的压力，长大以后想法也变多了，各方面又新增了更多的压力，这就导致每个人的内心相对来说都比较浮躁，所以很容易发生争吵、产生矛盾。当然，我们平时对其他人都会注意一些，不敢随便发脾气、争吵，但因为父母是自己在这个世界上最亲的人，所以平时就比较随便，问题的原因可能就是这样。

我想，这个问题最好的解决方法，就是大乘佛教里修慈悲心、菩提心的方法。这个方法的一部分，就是对我们的父母去修。我们要思维父母对我们的恩德，然后感恩、报恩。如果不太想修菩提心、慈悲心的其他部分，那么就修这一部分也可以。这部分一定会让你重新感受到父母的恩德，对他们生起感恩之心。当然这不是在一天、两天之内能修成的，可能需要更多的时间。

当感恩心增长以后，你一定会珍惜和父母在一起的时光。你一定会觉得，父母对我恩重如山，现在每年好不容易见几次面，还跟父母争吵、让他们不开心，实在是不应该。我要珍惜这个机会，好好和父母相处，好好地孝顺他们。从这方面去思考的话，我想可能会有效果的，你试一试吧。

主 其实就是跟父母缺乏有效的沟通。

慈 对，毕竟父母年轻时候的生活方式、理念跟现在或多或少有些差别。父母因为爱儿女，认为一定要这样做才好，但实际上，过去的观念不一定适用于现在。他们年轻时大家都认为应该去做的事情，放到现在也不一定非做不可，也许可以用另外一种方式来代替。这就是因为观念不同而产生的问题。

这个问题很容易解决，解决办法就是多跟父母沟通，这是非常重要的。一定要跟父母坐下来，心平气和地谈。沟通多了以后，父母一定会发现：哦，原来这样生活你会很开心、很幸福，然后他们也会接受你的观点。很多人认为，父母总是喜欢强加给我们一些东西。那他们为什么强加呢？就是因为他们特别爱我们，他们担心我们不这么做的话，以后的生活、婚姻、家庭等各方面会出问题。

这个世界一直都在变，你可以不接受他们的观点，也未必要以他们年轻时候的方式去生活，但是你要多去和他们沟通，获得他们的理解。

主 **我们应该换位思考。**

慈 对。

主 **父母这么做，说白了都是为我们好，他们不希望自己的孩子不好。**

慈 是，那是肯定的。

4

观　有一个养儿防老的问题想向您请教，因为对我们这一代来说，这已经成了一个比较大的困扰。我们虽然也很感激父母对我们的养育之恩，但是有很多人注定在青年到中年这个阶段，没有办法陪在父母身边尽孝，我们担心父母会对我们有一些失望或者会感到委屈，所以想向您请教一下这个问题。

慈　很多父母过去会有这样的想法，但是现在他们可能也没有这样的要求。如果你一直都能够陪在父母身边，那当然是非常好的，但是你也要学习、工作、成家，这些父母也会理解。如果你在读大学期间，每年能稍微抽一些时间去陪他们，这并不会影响你的学习，而父母也就满足了，感觉到儿女在关心他们。

老年人可能更需要的是精神上的关爱。物质方面，经济条件差一些的父母可能需要，但需要的也不会很多，你就尽量满足他们，最关键的还是精神上的关爱。如果我们平时不给父母打电话，有空的时候也不去看望他们，父母的内心肯定特别难受，几乎跟天塌下来了一样，会觉得这个世界上没有人关心他们，什么事情都要独自去承担、去面对。因为人老了以后，由于各方面的原因，他们的内心会感到很痛苦。要消除这些痛苦，你天天到身边去陪他们也不太现实，但是你要多关心他们，有空的时候去看看，平时多给他们打电话、多沟通，这样的话，我想这些问题是可以解决的。

主 **谢谢您。我们可能没有那么多时间去关爱父母，但父母的生活重心却又寄托在我们身上，所以这是一个互相体谅的过程，我们要为父母多考虑。**

慈 对。说到他们的空虚问题，如果有可能的话，可以让他们去学佛。如果他们愿意学佛的话，那他们的晚年又看到了一个新的希望，他们又找到了一份新的“工作”。学佛会让他们的生活变得很充实，平时也不会那么孤单、空虚。这对他们来说确实是一个很大的帮助，也是一个很好的方法。

主 **让他们知道，原来生命中还有其他事情可以让自己更加有奔头，然后努力把生命的重心转移到那上面，这其实是更重要的。**

慈 对。

主 **非常感谢堪布的精彩解答，让很多现场的观众朋友们都解开了心中的疑惑。没错，父母、师长、朋友、恋人……他们都是我们生命当中最重要的人，良好的人际关系也是幸福生活的基础。正如堪布在《慧灯之光》里曾经说过的：生命的意义无外乎两个，第一是爱的付出；第二是提升自己的心灵。**

让我们用智慧和爱心来面对自己、面对他人。你，可以更幸福。也希望今天堪布的解答，能够帮助大家解开心中的疑惑，我们下一期《慧灯·问道》再见。谢谢堪布！

慈 谢谢。

迷茫的青春谁做主

——《慧灯·问道》"莘莘学子篇"第 5 期

主 各位观众，大家好！欢迎大家收看本期《慧灯·问道》节目。

大学生活很新鲜，同时也有很多让我们无所适从的地方。如何在人生的关键阶段做出正确的选择，如何才能找到人生未来的方向？今天，我们将围绕这些让我们感到烦恼和困惑的问题展开讨论。有请慈诚罗珠堪布！

1

观 堪布，您好！我以前的目标就是考上自己理想的大学。现在我考上了，却感觉心里的一些东西丢了，没有动力，也没有目标，整天就是上课、下课。我不知道所学的这些内容对我的未来有什么帮助，或者是否能让我有新的目标，为此我感到很烦恼。想请问一下应该怎么办？

慈 这是一个比较常见的心理现象，在很多领域都会出现。主要原因是什么呢？我想，可能我们在考上大学之前没有考虑太多，只想考上大学，就为了这个目标奋斗，而没有去想考上大学以后会怎么样，以及毕业之后又会怎么样。一旦目标完成了，心里就会感觉比较空虚，因为不知道接下来要做什么。

另外，毕业时也有这种情况，有些人考上大学、研究生、博士，只是为了毕业，毕业前写了很多论文等。这些烦琐的事情结束后，在毕业之际又会出现这种心态，不知道要去做什么。就像你刚才讲的，好像心里丢了什么东西一样，但其实什么也没有丢。

还有些做生意的人也有这种情况。他们认为所有问题都可以用钱解决，只有钱才是最重要的，因此只为钱奋斗。如果有一天真的发财了，却不知道这些钱对自己有什么真正的作用，也不知道除了吃喝玩乐之外，这些钱还能给自己的生活带来些什么，所以也会感到空虚。很多人都有这样的困扰。

对于这种情况，我们需要怎么做呢？过去的目标已经达到了，当时除了这个目标外，你并没有确立其他目标。但没关系，你现在可以重新确立一个新的人生目标。考上大学之后，可以学到更多的知识，那么你就可以确立一个毕业后如何运用这些知识的新目标——可以去做自己认为比较有意义的，也比较喜欢的事情，然后再为这个目标去奋斗。这样你的生活又会变得丰富、充实，内心空虚的问题就解决了。

主 也就是说，我们可以在大学生活中为自己的未来制订计划。现在大学也非常注重这一点，并开设了大学生职业生涯规划课程，来帮助大学生确定自己未来的发展方向，让我们明晰自己未来的路要怎么走。我们可以综合各种因素来思考，让自己的未来变得更加丰富、可控。

慈 也许你不是很喜欢现在的专业，但没关系，坚持学下去，或许这些知识会在意想不到的时候派上用场，并且发挥很大作用。同时，你还可以去学习、体验一些其他的事情，这样你的校园生活就会变得丰富多彩。

2

观 堪布，您好！我的一个朋友是留学美国的研究生。他一直以来都遵从父母的意愿，选择了自己不太喜欢的专业。在学习的过程中，他越来越觉得自己不太适合这个专业，将来很难有所成就。而他的理想是做一名摄影师，觉得这样既能帮助自己，又能帮助别人。那么，现在他应该继续按照父母的意愿学下去呢，还是应该跟随自己的内心？

慈 父母意愿的出发点就是爱。他们肯定认为这个专业很好，自己的孩子如果学了这个专业会更有出息，以后更好找工作。很多父母都是这样，自己认为好的就一定要强加给孩子，这种心情可以理解。但实际上，他们的儿女未必适合学习这个专业，也未必适合父母为他们选择的职业。如果儿女不是很喜欢，只是为了父母的意愿勉强去做，能不能学有所成就不好说了，因为他不是发自内心地去做。

我个人觉得，如果你的朋友非常喜欢摄影，他可能有一些天赋可以让他在这个领域发展得更好，他去学摄影也许会取得比较突出的成绩。这或许比投入精力到一个他不太喜欢，但因为父母的原因而勉强去学的专业要好。现在最重要的就是和父母沟通，如果他实在很想从事这个行业的话，父母应该也会同意的。在父母同意的情况下，再去做自己喜欢的事情，我想可能更有意思吧！

3

观　堪布，您好！我来自一个普通家庭，从小就觉得实现人生目标的唯一途径，就是不断地努力学习。尤其作为一个来自偏远山区的少数民族学生，我能读到研究生也是自己勤奋、努力的结果。但我身边有一些同学，他们的背景非常强，父母非常有钱，也就是所谓的富二代，他们在学校的大多数时间要么玩电脑游戏，要么谈恋爱。虽然我比他们努力，但我觉得毕业之后自己的发展可能会不如他们。为什么会这样？我在学校老师那里找不到答案，您是一位非常有智慧的佛教老师，您能不能给像我们这样来自普通家庭的学生一些建议？感恩堪布！

慈 你的同学里面可能有富二代，但我觉得你可以当富一代。（众笑）

不是富二代没关系，你通过自己的努力和学习，完全有机会当富一代。当你成为富一代以后，你的儿女自然就是富二代了。所以你现在要好好学习，要积极向上。身边有富二代，你不要去管他。那些同学的父母也不一定是富二代，也可能是富一代，他们也是通过这样的努力变成了富一代。因此，现在你的目标应该是成为富一代，不是富二代！

4

观 堪布，您好！现在我们大学生在毕业之际，会面临一个择业和就业的问题，那么从佛法的角度来看，您认为什么样的工作才算是好工作？

慈 什么是好工作很容易判断，但怎样找到好工作就不太好说了。薪水高且自己喜欢的，就是最好的，但要找到这样的工作确实不容易。所以实际上，我们的工作可能要么薪水高但自己不喜欢，要么自己喜欢但薪水不高。

在这种情况下该怎样选择呢？如果家庭条件不是很好，父母需要帮助的话，那么你应该选择一个虽然自己不是很喜欢，但薪水高一些的工作。这个工作可能很多时候做起来不开心、比较累，它带来的负面东西也比较多，但你承受这些压力是为了给父母一个交代。父母供养你读大学、研究生非常不容易，现在有一个回报的机会，只不过你需要多承受一些压力。从伦理道德的方面来讲，这也是说得过去的，是应该的。但如果这个压力太大，你就应该考虑是否要去承担，因为如果你的心理健康出了状况，那不但不能帮助父母，反而连自己生活、工作都会很困难，所以要找到一个平衡点。

如果家庭条件不错，父母有积蓄、不需要你帮助，那么你可以选择一个自己比较喜欢的工作。虽然薪水不高，但是你有足够的时间去做一些自己喜欢的事情。由于本身对这份工作比较感兴趣，因此，尽管它没有给你带来太多的物质财富，但它一定会给你带来一些精神方面的满足感和幸福感，这对一个人来说是最重要的。

主 **我还想代这位同学来向您咨询一下：有时在工作中会存在一些与佛教相冲突的地方，也就是说会造业。以主持人为例，或多或少都会造下一些口业。在这种情况下，我们该如何平衡呢？**

慈 从佛教的角度来讲，哪怕这份工作薪水再高，或者自己再喜欢，如果它是建立在别人的痛苦之上的，你也不要选，不然在伦理道德上说不过去；如果没有建立在别人的痛苦之上，那么尽管做这份工作的压力稍微大一点，薪水稍微低一点，你还是可以选择的，因为这在伦理道德方面没有问题。

此外，虽然工作压力大，但是对其他人有一定的帮助，你也应该选择这样的工作；不要去选薪水很高，但是建立在别人痛苦之上的工作。因为佛教认为，虽然你现在选择了既能让自己开心、薪水又高的工作，但如果这些是建立在别人的痛苦之上的，那么总有一天你会为此而承受果报。

主 所以我们要找到世间事业和佛教理论的平衡点。

慈 对。实际上，佛教有一条非常清楚的界线来判断什么是善、什么是恶，什么可以做、什么不可以做：不管事情是以什么形式发生，只要给别人造成了痛苦，就属于恶，就是不可以做的；相反，虽然有的工作看起来非常世俗，但对其他人有帮助、有利益，那佛教，尤其是大乘佛教就认为这个是善。善和恶的区别不在于形式，而是看我们的发心。所以大学生在毕业找工作的时候，如果有条件，就尽量考虑找这样的工作。

5

观 堪布，您好！您刚才向我们说明了什么是善、什么是恶，那我还想向您请教一下，应该如何界定美与丑？

慈 善与恶是有标准的，但是美与丑就有点不好界定。美的标准是什么？丑的标准是什么？这个好像没有一个标准。在你心目当中很美的就是美；你不愿意看到、不愿意接触、不愿意靠近的东西，应该叫作丑。这与我们的主观意识和审美观有相当大的关系。你特别不喜欢的东西，有可能另外一个人非常喜欢，所以这个不太好界定。

就像两个人看同样一幅画，虽然视觉上看到的都是这幅画，但因为内心的作用，一个人觉得这幅画画得特别漂亮，特别有意思，另外一个人就觉得不怎么样。此外，现在我们都觉得特别时尚、特别漂亮的东西，我们的祖先却可能并不这样认为。

主 **他们可能会觉得非常恐怖，尤其是看我们现在穿得这么少，对不对？这在当时是很恐怖的事情。**

慈 是的。所以这些都是根据人、时间和空间，还有很多综合因素得出的结论。

主 **非常感谢堪布的精彩解答，让我们很多现场观众都解开了心中的疑惑，谢谢！**

慈 谢谢！

命运真的存在吗？能改变吗？

——《慧灯·问道》“莘莘学子篇”第 6 期

主 各位朋友，大家好！欢迎收看《慧灯·问道》。在上一期节目里，我们请慈诚罗珠堪布为大家解答了很多与大学生相关的问题，这期节目接着请堪布为我们答疑解惑。首先让我们掌声有请慈诚罗珠堪布！

1

观 堪布，您好！日常生活中，我们经常听到有人抱怨自己的命运不好。我想问一下，命运真的存在吗？我们的命运真的能被改变吗？

慈 有没有命运？答案是有的，但这并不是我们民间所说的命中注定，开心得接受，不开心也得接受，不是这样的。

佛教所讲的命运，主要跟我们过去的所作所为有关系。有些人一出生身体就非常健康，物质财富等各方面都自然具足；而有些人天生就体弱多病，做任何事情都不顺利。也许很多人会说这是巧合，或者是什么客观因素导致的，但在客观因素相同的情况下也会出现这样的情况。

佛教认为，任何一件事情的发生都有两个因：一个叫作远因，就是比较早的时候的所作所为；一个叫作近因，即现在、当下的因，也就是我们平时讲的客观因素。我们人生当中的一些重大事情就是由这两个因来决定的。

从近因，也就是从客观因素的角度来讲，如果所有的条件都具备，那应该可以有一个很好的结果，但最后没有得到这样的结果，跟我们想象的不一样，这是什么原因呢？这是因为它的远因，比较远、比较早的时候的因影响了现在的结果。准确地说，就是佛教讲的善恶因果。这个善恶因果就影响到我们现在的日常生活。

所以，即便客观条件我们都具备，结果也未必如我们所愿。佛教认为这个跟过去的业有关，在佛教里面就叫作命运。但这个命运是可以改变的，过去做错了什么事导致现在不顺利，那现在就做一些好事来弥补，这样就可以改变自己过去的命运，并不像民间说的命中注定就无法改变，不是这样。

主 **我们多多去增进善缘。**

慈 对，这是佛教的命运观。还有一个人的生辰八字、出生时候的星座，以及我们平时讲的风水……这些也是看不见的因果。虽然我们不知道这些东西怎么影响我们的生活，但这些确实是存在的。佛教认为这些也会影响命运，但主要的还是善恶因果，这是确确实实存在的。

主 **我觉得佛教很大的一个作用，就是让我们认识自己的人生，然后努力学会改变自己的人生。去学习佛陀的这些教言，然后成为像他一样的人，这是我们的目标。**

慈 很多人对佛教最大的一个误解，就是觉得佛教逃避现实，或者很消极，但其实根本不是。佛教教导我们的是什么呢？它不是教我们逃避现实，生老病死的问题是没有办法逃避的，至少释迦牟尼佛懂这个道理。

在无法逃避的情况下，我们必须选择一个面对的方法。同样一件事情，对一个乐观主义者和一个悲观主义者的影响完全不同。影响他们的决定性因素，主要是他们的心态，也就是人的主观精神。很多人平时都忽略了主观方面，大家都认为物质是非常实在的，主观的精神部分是可以忽略的。当然，在我们的生活中，物质是非常重要的，它的价值永远都没办法否定，但精神也有同样的价值，我们也应该重视它。如果我们的心态很负面，那么看待问题时也会很负面，这样对事情的影响就非常不利。

所以佛教不是要我们逃避现实，而是教我们怎么样去面对现实。要面对现实，必须有一颗非常强大的心。内心强大了以后，无论发生什么事情，我们都可以面对，都能过得去。佛教讲的是这个，但很多人不太了解，以为佛教在讲逃避现实的方法，其实不是这样。

另外，佛教平时讲人生痛苦这方面讲得比较多，幸福生活讲得少，这样给人的感觉就是佛教很消极。但其实不是，这些无论讲或不讲都是存在的，佛教就是鼓励我们，让我们明白生活中就是有这么多的痛苦。明白了以后，我们就会去想解决的方法。

其实，我们生活中的所有问题都是可以解决的，但我们在比较顺利的时候，就不会去考虑这些；等这些问题出现在眼前的时候，只能手忙脚乱、不知所措，这样就会导致情况更加严重。佛教其实就是告诉我们，要早一点做准备。如果做好了准备，那么这些生活中的问题都可以解决。从这个角度来讲，佛教对人生的态度是非常积极、乐观的。

主 **佛教一直以来都主张把命运攥在自己的手中，让自己的内心变得强大，然后才能够做到泰山崩于前而面不改色。这就是我们内心强大的一个作用。**

慈 对，是这样的！

主 **感恩您的精彩解答。今天除了现场提问以外，我们还做了一次室外的街访，大家可以通过大屏幕看一下短片当中大学生们的问题。（播放视频）**

大学校园采访问题一：你有过自卑吗?

学生 1：偶尔会有。

学生 2：有时候会有。

学生 3：我是个积极正面的人。

学生 4：有时候会有吧，因为生活不可能只有积极的正能量。

学生 5：会有一点点。

学生 6：考试会有。

学生 7：其实我觉得我不自卑。

学生 8：有过吧，毕竟比我优秀的，大有人在。

学生 9：还真没有过。

学生 10：没有特别自信，但是也不算自卑。

学生 11：学校里这么多厉害的人，肯定会有自卑的时候。

学生 12：我觉得自卑这个东西，肯定是跟别人比较了以后。

学生 13：跟舍友一起打游戏的时候，经常会自卑。

大学校园采访问题二：你遇到负面情绪时，是如何调节的?

学生 1：吃。

学生 2：每天给自己灌鸡汤。

学生 3：我喜欢喝酒。

学生 4：做点运动啊。

学生 5：看看电影。

学生 6：去健身。

学生 7：出去玩。

学生 8：跑跑步，心情会好很多。

学生 9：打游戏。

学生 10：难受难受就忘了。

学生 11：没有特别多负面情绪，因为我自己蛮注重个人排解的。

学生 12：听听歌。

学生 13：找朋友安慰一下。

学生 14：出去玩。

学生 15：会找同学和朋友倾诉吧。

学生 16：休闲过后可能会忘掉吧。

学生 17：稍纵即逝吧，我觉得很快就会过去。

学生 18：你想想肯定还有比你还差的，你的心情就会好很多。

主 通过这个短片，能看到大家不同的状态，有的人非常乐观，有一种阿 Q 精神。想请问堪布，您有过自卑的时候吗？

慈 刚才短片里有些人的回答，我觉得我也有，但不是经常有。

主 曾经有过？

慈 对，偶尔也会自卑。有一次，我从印度尼西亚的雅加达飞到另一个国家的某个城市。晚上到达那个城市的时候，因为航空管制，飞机在城市上空盘旋了一会儿。往下看这个城市的时候，真的是一望无际，就像一个灯火的海洋。着陆了以后，我想，这么大的城市里，这么多的人当中，我能帮助的可能只是万分之一，甚至可能连万分之一都不到。这时候就觉得自己特别渺小，感到特别自卑。有这样的时候，但不是经常有，过一会儿就又没有了。

主 **那您如何调节呢?**

慈 有负面情绪的时候，我主要用佛教的方法来调整自己。比如说打坐，或是转变我的观念和我对这个事情的看法。根据我的经验，通过这些方法去化解问题是非常有效的。任何一个问题产生后，当我感到特别不舒服、不开心的时候，如果有机会好好坐下来深入思考，或者用一下佛教的方法，那么片刻间就可以化解了。

主 **就通了。**

慈 对，通了！真的是这种感觉。就像一个人闭着气、呼吸特别困难的时候，突然畅通了一样。

主 **因为您是佛教的老师，所以您选择用佛教的方法来调节自己的负面情绪。但其实很多人通过世俗的方法，也能有效地调节自己的情绪。**

慈 是，像刚才视频里提到的，比如说出去运动、听音乐、看看蓝天，如果在海边的话，就看看海……这些都有帮助，挺好的。另外，如果你有好朋友的话，就跟朋友聊聊天。当然，这个时候一定要找比较开朗的、正面的朋友。

观 堪布，您好！我想知道，当前焦虑、烦躁的这种情绪在年轻人中普遍存在吗？怎样才能解决这种焦躁情绪？或者有什么简单的修行方法，能够让自己的内心平静下来呢？

慈 这种现象在大学里，尤其是比较顶尖的高校，或者在企业里比较普遍。为什么？因为过去，你在家乡可能是学校里面顶尖的、考试会得第一名的学生，但现在到了北大、清华等一线高校或者是国外的一些高等学校之后，就会发现像你这样的人特别多，甚至超过你的人也特别多。而你一直认为自己是佼佼者，从来都没有这种被超越的感受。所以，当现在有这么多的人都排在你前面，自己根本就没被列入顶尖的梯队当中时，你就会开始焦虑。焦虑产生之后，因为找不到一个解决方法，又开始烦躁，持续烦躁就会导致抑郁。

这种情况非常多，哈佛大学 40% 以上的学生都有抑郁症，或是曾经有抑郁症。所以我想，越是比较高端的学校或企业，竞争越激烈的地方，出现焦虑、烦躁的情况也越普遍；而在比较基础的领域中，这个现象就不是很明显。但是总体而言还是很严重的。2016 年《人民日报》曾报道，中国 13 亿人口中，患有各种各样精神疾病的人已经超过了 1 亿，意思就是每 13 个人当中就有 1 个病患。实际的人数还有可能更多，为什么呢？因为精神疾病需要通过医生的确诊，否则无法知道自己是否有精神上的问题。但很多人根本就没有去找医生，这种数据是没办法统计的，所以实际人数可能会更多。

从全球的角度来讲，目前癌症、艾滋病、抑郁症是危害人类健康的“三大杀手”。抑郁症也不是从天而降的，就是因为长期焦虑、忧郁、担忧等而慢慢形成的。抑郁症的根源或者产生因素，都潜藏在健康的人群当中。现在，精神上的问题真的非常普遍，这是有数据可查的。

我记得2003年的时候，也就是十多年前，《光明日报》就曾报道，当时中国每年有20万人自杀，八成都是因为抑郁症。去年这个自杀的人数已经上升到28万。在未来的一段时间，精神上的问题还会越来越严重。所以我们要充分做好调整自己心态的准备，这个真的不能忽视！

主 **对，多多关照自己内心的情绪，有效地控制它。**

慈 物质对我们每一个人来说都很重要，但是精神也同样重要，真的不能忽视。

主 **精神崩溃了，一切物质也都灰飞烟灭了。**

慈 是的，你说得非常对。物质生活要给我们带来真正的幸福，就必须要有精神的配合。国外就“物质能不能给我们带来幸福”做过一个问卷调查。答案是可以，但所有的幸福感中，只有15%跟物质有关系，除此之外的都跟物质没有关系。

美国《新闻周刊》杂志曾提出一个问题，我想这在全世界人的心里都是一个很大的问号。这个问题就是：物质与幸福之间，到底哪一个对我们更重要？对于这个问题，我们肯定说两个都需要，或者说有物质就是幸福，但其实不是这样。

主 **它们不是直接对等的关系。所以，当我们内心出现一些抑郁情绪的时候，要及时去化解。比如找自己知心的朋友聊聊天，通过其他方式排解一下，或者像堪布说的，去打打坐、禅修一下，通过与自己的内心对话，来找到自己想要的答案。**

非常感谢堪布的精彩解答，也希望今天堪布的解答能解开大家心中的疑问，我们下期《慧灯·问道》再见！

鼓起勇气，面对真实的自己

——《慧灯·问道》“莘莘学子篇”第 7 期

主 观众朋友们大家好，欢迎大家收看《慧灯·问道》！

在上一期节目里，我们请慈诚罗珠堪布为大家解答了很多与大学生相关的问题，这期节目接着请堪布为我们答疑解惑。哪位同学先来提问？

1

观 我想向堪布请教这样一个问题：长时间以来总觉得自己没有什么成就，所以感到很沮丧。于是我就逼迫自己去努力，结果越是努力越是沮丧，我该怎么办？

慈 你可以先去做些比较容易有成就的、有一定把握的工作。不管这些工作的结果有多大意义，反正先去做自己能力范围内的事情。

你可以先制订一个计划，按照计划内容先去做一件事情，做完了以后再去做另一件。在做第一件事之前，一定要有这样的信心："这个工作我一定会完成的，我一定能够做到！"做成之后再去做第二件、第三件，乃至第五件……全部成功以后，你就会有成就感了。经过这样的训练，以后再遇到一些比较棘手的问题时，你也会先考虑一下，这个工作该怎样处理——我要给自己列一个表格，今天这么做，明天那么做；如果这个办法行不通，那我该用什么样的方法……你会把全部事情都计划好，然后一个一个地去实施。慢慢地，一些比较棘手的问题你也可以处理好，至少这种很自卑、没有成就感的心态，从此以后就改变了。

主 **改变自卑的第一步，就是要先自我肯定。**

慈 对，先自我肯定。

主 **要是自己都不肯定自己，那谁还会肯定你呢？所以像堪布说的，先通过一些小的事情来肯定自己，让自己相信：我可以做成功！**

慈 对。其实你过去肯定也有一些成功的地方，不可能从来没有成功过，也许是把一些小的事情忽略了。多去想一想这些，也就平衡了。

2

观 我一直是一个很自卑、很不自信的人，总觉得有些地方不如一些能力强、见识广的同学做得好，并且我觉得自己再怎么努力也超越不了他们，然后心里就产生了很大的落差。想请问您，应该怎么办？

慈 这肯定不是你一个人的问题，很多人都这样。

首先，几乎每一个人都喜欢攀比，我们不仅在学习的时候攀比学习成绩，在物质方面也会攀比，比如说穿什么衣服、家长开什么车接送自己等。这种攀比的心态，就让有些人感到自己不如其他人。

刚开始的时候，这可能不是很大的问题，只不过是一种稍微负面的情绪。但是时间长了以后，就会发展成一种心理疾病——自卑症。其实你也未必比其他人差，但是得了这种心理疾病以后，就会一直觉得人家都比自己好，自己不如别人。如果你总是觉得自己不如别人，全班的同学都比你好，你就是最差的，那你可能需要在心态上做些调整。用心理医生的话来讲，可能是有一点点心理上的疾病。但是没关系，不要把这个当成一个很严重的问题。我们很多时候把心理疾病等同于精神病，不敢去找医生，因为精神病是比较严重的，很多人觉得难以接受，所以一直都回避。心理上的一些小问题，在某种程度上只是一个正常人的负面情绪，实际上并不是那么严重的问题，是可以解决的，所以不用害怕。但是也必须要重视，如果不重视的话，那它发展到什么程度就不好说了。

解决的方法有两种：一是找一位心理医生。这方面亚洲人普遍不如西方人，西方人有一点点心理状况的时候，就会立即找心理医生。如果你不愿意找心理医生的话，也没关系，可以自己打坐，打坐完全可以解决这个问题，这个是有科学依据的。

主 **打坐可以解决很多问题。**

慈 对，很多问题真的是可以解决的。所以你也可以不用找医生，自己调整、化解一下就行了。如果没有那么严重，只是偶尔认为自己不如某某，那就还在正常的范围内。不管怎么样，假如班里有 40 名同学的话，你可以这样想：我绝对不会比所有人都差，虽然我不如某某，但是比起另一位同学，还是有一些自信的。首先把自己的自信建立起来，这样逐渐就能把心态调适得比较正常了。

主 **用自己的长处去比较别人的短处，你就觉得很开心了。我就是这么安慰自己的。**

慈 是，这个是对的，有道理。

3

观 我平时不经常跟朋友吵架，但是遇到一些小矛盾的时候，心里就会特别在意。想问您一下，怎样才能不让这些小事影响自己的心情？谢谢。

慈 你平时因为学习压力或者其他的压力，内心可能稍微有一点浮躁。有时候并没有发生什么大问题，根本不需要吵架，但是内心浮躁的人只要对别人说话、做事的方式稍微有一点看不惯，立即就会与别人争吵。

有几种方法你可以试一下。第一，可以去寺庙买几本佛经的手抄本，用来抄经。在抄经的过程当中，你也许就悟到了一些佛教的道理；即使没有悟到，因为你很专心致志地抄写，也一定会让自己的心沉静下来。沉静下来了以后，就不会那么浮躁，这些小事情就不会让你那么冲动了。这是一个简单的方法。还有一个日本人经常用的方法：到寺庙去，在所有的壁画、塑像里面，找一位自己觉得最慈祥的佛或者菩萨，然后坐在佛像前面，心里什么都不需要想，两只眼睛专注于这尊佛像慈祥的面部，然后心就会静下来。这样看半个小时，对恢复内心的平静有特别大的帮助。这是第二个方法，无论你有没有信仰，都可以去尝试一下。第三个，去试一试佛教的禅修，训练一下，这个方法可以让人的心很快平静下来，对你会有很大的帮助。

4

观　我有一个老生常谈的问题，我们一直被教导要树立自己的世界观、人生观、价值观，但其实我觉得如何树立是一件很难说清楚、想明白的事情。所以想问问您，我们应该如何树立自己的三观呢？谢谢。

慈　三观有很多种，佛教有佛教的三观，科学有科学的三观。但是我想，比较完美的三观是把传统与现代，或者佛教与科学相结合之后，树立一个自己的三观。如果传统的或者佛教的三观都不去看的话，那么我们平时看到的都只是世界、人生最表面的现象。如果不知道一些深层次的道理，那我们的三观其实非常肤浅，它无法在生活中帮助到我们。所以我觉得传统和佛教的三观非常重要，要学一些这方面的知识；而现代的这些，比如说科学，尤其是自然科学，在人生观和世界观方面也可以给我们提供很多非常好的观点。这二者相结合形成的三观，我想可能比较有价值，也有实用性。

5

观　我想请问一下，我觉得父母眼中所看到的我并不是真实的我，但是我不知道该怎么样去跟他们说这些。

慈 这还是一个沟通的问题。父母应该比较了解自己的孩子。我觉得这个世界上最了解你的人，可能就是你的父母了。

主 **知子莫若母嘛！**

慈 对呀，应该是。但如果你觉得不是的话，那可能也有一些他们还没有了解到的地方。比如说，你父母也许高估了你的某些方面，或者低估了另外一些方面。如果你小时候住在学校，经常不回家，平时跟父母的沟通也不多，这样的话，你长大以后的一些生活情况，父母确实不一定清楚；还有，父母毕竟年龄比较大，年轻人的一些想法，他们可能也不是很了解。不过，这些都是沟通方面的问题，平时跟父母多沟通的话，就不会有什么问题了。

主 **我发现很多同学问的都是与父母有关的问题，我觉得下一期节目可以把他们的父母带过来，单独做一期与父母的对话。这样的话，可能双方的沟通会更加和谐。**

慈 是。比如说一些年轻人，他们跟父母之间没有大的矛盾，其实他们也特别爱自己的父母，那父母对他们的爱就更不用说了，但就是因为沟通的问题，平时经常发生一些不愉快。比如说，一家人开开心心地出去度假，没想到一到目的地就开始争吵，然后大家都不开心。所以我想，我们应该做的是什么呢？主要是和父母多沟通，坐下来多聊一聊。

主 **心平气和地。**

慈 对，要跟父母沟通，让他们了解自己的一些想法或者情况，我觉得这个非常重要。我们应该留出一些和父母谈心的时间，坐下来讲、聊。可能很多年轻人平时都比较喜欢跟朋友在一起，或者是人机对话，对跟父母聊天可能不是很感兴趣，但我们不能这样。

主 **大家总说父母不懂我们，但其实是我们根本就没有给他们懂我们的机会，这是一个很大的问题。**

慈 是，这确实是个问题。

6

观 **堪布，您好！请问人生的目标是为了自己的理想呢，还是实际一点比较好？**

主 **为了理想还是现实。**

慈 我觉得这两个都需要。如果你活得非常现实，没有理想，这样可能不太好。很多时候我们会感觉自己的人生没有什么意义，生活非常乏味，就是因为没有为一个理想、梦想去奋斗；但如果不结合实际，只有一个不切实际的空想，那么这种乌托邦式的理想也很难实现，所以我觉得这两者都需要。

7

观 堪布，您好！请问随波逐流究竟是好还是坏？社会上都是以大多数人的意志为主流，因此坚持自我会不会活得很辛苦？

慈 这个要看你跟谁随波逐流，有些时候所谓的主流不一定是正确的方向。比如我们的生活方式，还有思维模式，未必每个人都觉得这样好，但是也没有办法。就像一个大型的机械，每个人都是这个机械上面的一个小齿轮。这么多的齿轮一个牵动一个，这个力量我们都没办法抵抗，不想转也没有办法，所以就只能随波逐流了，在没有办法的情况下只能这样。

随波逐流是好还是不好，要看你跟随的是什么样的群体。如果你跟随的人群或者跟随的这个领域当中的人不是那么正面的话，那随波逐流肯定不是很好；但如果只是一般的情况，那么不随波逐流可能也会有问题。比如说你很有个性，然后跟大家格格不入，这样的话就没办法生活了。所以我觉得，在这之间应该找一个平衡点：既不能完全随波逐流，不保留任何个性，也不能完全背离大众、一意孤行。完全按照自己的意愿去做可能不太现实。

主 其实像历史上的思想家，有很多都是非主流的人士，都是和那个时代有点格格不入的人。比如鲁迅，他是一位先导性的思想

家，但他同样也在世俗中当老师，以此获得生活上的支持。只有满足生活所需之后，他才能有更多的时间去获得思想上的进步，所以说这也需要有一个平衡。

慈 对，除了在一些方面随波逐流以外，如果你有一个私人的空间，那在这个小空间里面，用自己的方法行事应该是可以的，而且这样也许会给你带来一些幸福感，但是在大环境里面就只能顺应主流了。

主 你可以在自己的小宇宙里享受自己的非主流意识形态。

慈 是，对。

主 谢谢堪布的精彩开示！今天我们与大家聊了一些在大学生活中让我们觉得很烦恼、很困惑的问题。大学的生活虽然多姿多彩，但是树立正确的世界观、人生观、价值观也尤为重要。所以，让我们试着用更包容的心态来了解这个世界、了解自己的内心，用智慧和爱把自己的生命变得更有意义，也给其他生命带来快乐！这样每一天我们都会离幸福更近一些！

第叁章

初入佛门篇

解开初学的困扰

佛菩萨很忙吧，真的有空搭理我吗

——《慧灯·问道》“初入佛门篇”第 1 期

主 各位观众朋友，大家好！欢迎大家收看这一期的《慧灯·问道》节目。

许多人在刚开始接触佛法、学习佛法的时候，都会遇到这样的情况：我们一方面对佛法充满了向往、渴望，另一方面又充满了各种疑问和不解，尤其是在遇到各种难题的时候，往往会不知道该怎么选择。有人说，有佛法就有办法。所以在这一期的节目当中，我们邀请到了慈诚罗珠堪布为我们答疑解惑，让我们这些徘徊在佛门之外和刚踏入佛门的朋友，能够顺利地走出最初的迷茫。让我们一起欢迎慈诚罗珠堪布！

堪布好，今天我们请到了很多对佛法非常向往和渴望的朋友来向您请教一些问题。下面大家可以畅所欲言，让堪布为大家答疑解惑，好吗？

1

观 堪布，您好！我们每次向佛菩萨祈祷的时候，他们真的能来到我们身边吗？

慈 首先我们要知道，什么叫作佛的加持，加持其实就是一种能量，佛有加持，魔也有加持，有些物质也有它的能量，这个能量的传递过程就叫作加持。我们祈请佛，要感觉到佛的加持的存在，就需要我们与佛的加持相应，此时才会得到佛的加持。

所谓的相应是什么呢？比如物质相互之间的加持，物理学里面有一个词叫作“共鸣”，就是两个物体在振动频率相同的情况下，一个物体振动发出了声音，另外一个跟它靠得比较近的物体也会发出声音。就像打雷的时候，屋里有些东西也会发出声音，但不是所有东西都能发出声音，只有振动频率相同的才能发出声音。同样地，我们祈祷佛菩萨的时候，如果想要感受到他们的加持，我们自身就要跟佛菩萨相应，在相应的情况下，才能够得到佛菩萨的加持。

你刚才问到，佛菩萨是不是真的会来到我们身边，其实也不是来到我们的身边，不需要。当我们的心非常虔诚时，就像两个物体的振动频率相同时一样，我们跟佛菩萨就相应了，这时候再去祈祷，就可以感觉到佛菩萨的加持。比方说，如果我们手里没有手机，那永远也没有办法证明这个空间里有手机信号；有了手机的话，我们就可以证明这里有信号。同样地，如果我们的心不虔诚，那我们永远也没办法证明佛菩萨的加持的存在，以及这种加持到底是一个什么样的东西。只有以一颗虔诚的心去祈祷，我们才能感觉到。

什么时候能感觉到？有三个时刻我们可以感觉到佛菩萨的加持。第一，在现实生活中，当我们为了某一件事情，以非常虔诚的心祈请某一位佛菩萨，然后我们的生活中就发生了一些奇迹。可能有些人会说这是巧合，但也不一定是巧合。当然，我们也不能说所有的奇迹都是佛菩萨的加持，也会有巧合，但是也不能用“巧合”这两个字来解释所有我们解释不了的事情，这样也是不科学的。所以，首先是在现实生活中，有些时候我们可以感觉到，因为我们之前做了虔诚的祈祷，后来就发生了一个奇迹，而且这个奇迹的发生没有其他更合理的解释，这种情况多半都是佛菩萨加持的结果。这不是释迦牟尼佛或者阿弥陀佛来到了我们的身边，而是他们给我们传递了能量，这个能量改变了我们的生活，所以就可以说得到了佛菩萨的加持。

第二，虽然不是现实的，但我们有时候会感觉到一些能量的存在。比如，我们以非常虔诚的心祈祷佛菩萨之后，就会感觉到佛菩萨的能量的存在，这个能量会给我们带来一些好运或者是正面的力量。

第三，平时我们很多人解释梦的时候，会说“日有所思，夜有所梦”，其实这是完全不了解梦的一种说法。梦是一个非常奇怪的东西，有时候我们在现实当中根本没有想到的一些事情，会首先在梦里发生，然后在现实生活当中发生。当然，梦是假的，但有些时候这虚假的梦境也会透露一些信息给我们。所以，如果我们以非常虔诚的心祈请佛菩萨，然后梦到以前没有梦到过的一些比较吉祥的东西，或者是佛菩萨的亲自加持、讲经说法等，这些也是佛菩萨的加持，佛经里面也有很多这样的记载。

你刚才说还没有感觉到佛菩萨的力量，我想，你应该再加强一下自己的虔诚心，这样才能把我们的心跟佛菩萨的智慧调到同一个频率。当然，这并不是说我们的高度要跟佛菩萨一样，这个不可能，但是至少我们能够接收到他们给我们传递的信息。当你的虔诚心达到相应频率的时候，你一定会感觉到。所以你现在要做的事情，第一是要增强自己的信心，第二是在祈请方面再做一点努力，这样你一定会感觉到一些神秘力量的存在。

观 **谢谢堪布。**

主 **好，再次谢谢堪布。我们看看还有哪位朋友有问题。**

2

观 **堪布，您好！我有一个问题：我的运气一直很不好，做什么都很不顺，不知道这是什么原因，有没有什么解决的办法呢？**

慈 运气的问题是我们大家都非常关注的。很多人想尽一切办法改变自己的运气，有些人可能跑遍了周边的所有寺庙、道场，通过算命、打卦等来改变自己的运气。用佛教的话来讲，运气跟我们自己的前世有关系，跟我们的出生年月、父母的出生年月等也有一些关系，这在传统文化里面讲得比较深入、透彻。很多人觉得这是迷信，其实不是。当然，我们也不能说这里面讲的都是真实的，但一个人顺利不顺利、健康不健康等，不是由某一个因素决定，而是由很多因素决定的。那么这些因素当中，有一部分就是前世带来的一些好的或者不好的力量。

一个人顺或者不顺与他居住的地方（这个就是我们所谓的风水），还有他的出生年月等都有关系。比如说，拥有同样的家庭、文化、学习背景的两个人，他们的客观条件各方面完全一样，但是这两个人的运气可能截然不同。这就充分说明了一点：除了我们能够看见的客观因素以外，还有一种我们看不到的力量在起作用。那么，我们看不到的这个力量到底是什么呢？像传统文化里面讲的风水、生辰八字等也是其中的一部分，其他更多的则是前世的原因。如果我们前世有些事情做得不是很好，那一定会影响到我们的这一生。当然，也有一部分是现实的客观因素。所以这里面的原因很多，也很复杂。比如说，一粒米或者一朵花的生长，需要很多方面的条件，如土壤、温度、湿度、空间、时间等，它并不是由某一个因素决定的。那么，这粒米生长得不好的原因是什么呢？可能是因为在这么多的因素当中，其中的某一个不是很具足。同样地，人的命运顺或不顺也不一定完全和运气有关系，这可能需要深入地去研究。怎么研究呢？生辰八字等是传统文化里面讲得比较多的，你可以去了解一下自己有没有这方面的问题，如果有，那也有解决、弥补和修改的方法。那些古人的智慧，我们不能用“迷信”两个字来形容或者解释，这样是不科学的，人类几千年的文化结晶没有那么简单。从这里面去找有没有问题，如果有，那就用传统文化的方法解决。

还有佛教讲的前世，这方面会不会有问题？目前我们没有办法确定自己前世到底做错了什么，但是万一有这方面的原因，我们该怎么办呢？首先要忏悔过去、弥补过错。如果你生病、身体不是很好，那么就从这个方面去做一些事情，比如帮助更多的病人，当义工，或者是到灾区去当志愿者。如果有能力的话，还可以在经济方面帮助病人和灾民。再比如，我们可以去屠宰场或者其他地方解救将要被杀害的众生，这就叫作放生，是非常有意义的一个活动。但是，在上一季的节目中我们也讲过，因为很多放生的人没有好好去做，用不太标准的方式放生，受到了社会舆论的批评。实际上，关爱、尊重所有生命是非常有意义的事情。为了这些生命去做，或者是为了个人健康去做，结果都是非常好的。这也是一个很好的方法，能够解决你的问题。

另外，也许是一些客观因素，比如某个环节或者某个条件还不够成熟，那么你就要去创造这个条件，好好学习、好好工作，这样命运不可能永远都不好，这完全是可以改变的。

观 **好。**

主 **谢谢堪布。其实您讲得特别对，以前我们可能觉得中国传统文化思想不太好理解，比如风水，但后来看到一些专业的解释，**

说风水其实是古代环境建筑学，它是有自己的道理的。

慈 对。

主 非常棒的分享，再次感谢堪布！那么继续我们的问题吧，大家可以畅所欲言，让堪布为大家答疑解惑。下一位朋友。

3

观 堪布，您好！现在市面上有一种拷贝了上亿遍经文或者心咒的优盘，就是插在电脑上存储的那个小优盘，据说人们佩戴上以后非常有加持力，请问这是真的吗？

主 这是一个关于高科技和佛法结合的问题。

慈 是，这个确实有点不好回答啊。如果它是真实的文字、佛经或者佛像，那佩戴上它肯定是有加持的。但是优盘里没有真实的字，也没有真实的佛像，只有0和1，佩戴0和1这两个数字，不好说有没有加持。我想，我们还是戴印在纸上或者印在其他东西上面的，真实的、有字的佛经或者佛像，这样比较踏实。这些高科技产品的确可以提供一些佛经的内容，但它本身不是字，所以这个可能有点悬。

观 谢谢堪布。

主 我之前也有自己的想法，觉得形式好像不是那么重要，后来接

触了一些朋友包括上师之后，他们教导我说，其实形式有时候在发心的过程中会起到很大的作用。

慈 对。虽然佛教不能被形式化，但有些时候我们也不能完全否定形式。除此之外，还有佛教里面的一些仪式、仪轨等。对于初学者来说，我们实际上最需要的是仪式和仪轨背后的东西，但是这背后的东西怎样传递给我们呢？确实有些人比较喜欢形式上的一些东西，这个形式上的东西让我们产生了兴趣或者信心，这样我们就逐渐接触到了形式背后的内容。

主 **感谢堪布的精彩回答，也感谢大家的积极参与，本期节目到这里就告一段落了，我们下期再会。谢谢！**

慈 谢谢，谢谢。

利益有钱的坏人，这是什么道理

——《慧灯·问道》“初入佛门篇”第 2 期

主 各位观众朋友，大家好！欢迎大家继续收看《慧灯·问道》节目。本期节目我们将继续解答初学者在学习佛法过程中所遇到的困扰和疑惑。现在让我们一起欢迎这一期的嘉宾慈诚罗珠堪布，欢迎您！

大家现在可以提问了。哪位朋友有疑问呢？好，有请这位朋友。

1

观 堪布，您好！请问佛菩萨要救度一切众生，这是不是一种执着？是不是佛菩萨无欲无求之后，想找点事情做？

主 找点事情做？这个关于执着的问题特别有普遍性。

慈 你的意思是佛菩萨太闲了，需要做点事情。（众笑）

这是不是他的一个执着呢？也可以这么讲，比如说一个大乘佛教徒，他刚刚开始学佛的时候，他的动机就是为了做这件事情。大乘佛教里讲，学佛之人的终极目标其实不是成佛，而是为了帮助众生。所以这个确实是一种执着，尤其是早期的时候，如果他要做帮助众生的事情，那么就要牺牲自己的一些时间，放下自己的一些事情，这样才有时间去帮助别人。因此，他需要有一定的执着才会愿意去做，否则一般的人是不会去做的，这个执着就是他学佛、修行的动力。如果这个执着没有了，那么他就没有动力继续学佛，也没有心思去做这些事情了，所以这个执着必须要有。

对于佛教中的一些名词，我们必须要有一个正确的理解。比如"执着"和"放下"，这是对立的两个词，怎样理解、解释它们是非常重要的。很多时候我们会以为佛教徒不应该有任何的执着，但其实不是这样。佛教徒该执着的要执着，不该执着的不能执着，要有这样的区分。比如说行善断恶，这个在我们的价值观当中是非常好的，是应该去做的，从佛教的角度来讲这个就叫作执着。可是，这个执着是必须要有的，暂时还不能放下，因为这是我们学习、行善以及个人修行的一个动力。如果什么东西都不执着，那么学修也就上不去了。

第二个问题，是不是佛菩萨闲来无事想找点事情做？肯定不是。在大乘佛教的价值体系当中，任何事情都比不上利他，因为利他是最有价值、最有意义的事情，所以在刚开始学佛的时候，他们就想做这件事情，然后把自己的一生都奉献给了这项事业，最后也成功地实现了目标。因此，佛菩萨并非闲得没事做了才想去做一件事情，而是在一开始的时候，他们的目标和动机就是这个。

观　堪布，我还想请问一下，就是众生是否都想被度化呢？如果众生不想被度化，那是不是一定要度化一切众生呢？谢谢。

慈　对，你问得非常好。佛教讲度化一切众生，但从众生自己的角度来讲，他们是不是都愿意被佛菩萨度化呢？也不一定。既然他们不愿意被度，佛为什么还要去度他们？这是不是有些矛盾呢？

首先要知道，什么样的情况下我们不愿意被度？什么样的情况下我们愿意被佛菩萨度？我们不太了解轮回，不太了解这个世界。从表面上看，我们觉得自己的生活没什么问题，一切都是顺顺利利的——这个世界多美好啊，生活多美满啊，我们不愿意离开。当有这种想法的时候，可能很多人就不太愿意被度。

但人生中总会有一些坎坷、磨难，这是免不了的。当遇到一些问题的时候，我们就会感觉自己的力量无法与现实抗衡，此时会很希望有人能够来帮助我们。而我们的亲人、朋友在有些问题上确实无能为力，那么这时候我们就会希望有一个更强大的力量来帮助我们。在这种情况下，人们一定愿意被度。

所以这是一个变化的过程。在还没有到这个时间点的时候，我们有些人愿意被度，有些人就不愿意被度。但是到了一定的时候，所有人都会愿意被度。这是一个认识的过程，或者是不同时间点上的一个区别。大概就是这样。

主 **感谢堪布为我们做出这样一个非常棒的分享！我们看下一位朋友，哪位朋友有问题？好，这位朋友，有请。**

2

观 **堪布，您好！我想请问灵魂从哪里来？它存在于身体的哪一个部位？谢谢。**

慈 这个问题很多人都会思考，也有很多人问。

我们可以这样理解：当身体跟灵魂在一起的时候，身体的每一个部位都有灵魂。举一个非常简单的例子，比如一块泥巴，它的成分是水和土。当水和土结合以后，原来的土就变成了泥巴。那么，当它是一块泥巴的时候，它的水分存在于这块泥巴的哪一个部位呢？答案是全部，因为只要有土的部分就有水。所以人活着的时候，我们的头顶有感觉，脚底也有感觉，我们身体的里里外外、每一个地方都有感觉，这在佛教里面叫作触觉。只要跟外界有接触，我们马上就能感觉到某种刺激，这个感觉就叫作触觉，触觉也是灵魂的一部分。

其实“灵魂”这两个字，用佛教比较常用的词，就叫作

“意识”。把“意识”翻译成我们现代人常用的词，就是人的精神。有些时候我们把这个精神称为灵魂或者心灵，但是平时就叫作意识，佛教里面有些时候也称之为心。心不是指心脏，也不是大脑，就是这个意识，所谓的灵魂也是这个，除了这个以外别无其他。

人是由物质和精神构成的，触觉也是精神的一部分。所以在我们人活着的时候，这两个是分不开的。我们不能说人的意识在大脑里面，或者是在心脏里面——就像水充满了这块泥巴的里里外外一样，我们的意识也遍布整个身体的里里外外。

但是人死的时候，意识的部分就离开了。比如将这块泥巴放在阳光下晒，晒干之后，水的部分就不复存在了，但是土的部分最后还是存在的。同样的道理，人死了以后，意识或者说灵魂的部分就离开了，不存在了，但是身体的部分还存在，这个时候两者是可以分开的，因为它们本身就是两个不同的东西。就像水和土，当它们是泥巴的时候，看起来似乎无法分开，但在某种条件下它们是可以分开的。人死的时候也是一样，虽然意识、灵魂走了，但是身体还存在。不过在人死之前，意识或灵魂和身体是完全融为一体的，有身体的地方就有人的意识。大概就是这样。

灵魂有没有一个位置？可以说有位置，全身都是它的位置；也可以说没有一个固定的位置，因为除了指甲和头发以外，从头顶到脚趾、手指全部都有这种感受，这个感受是灵魂和意识的属性。物质是没有感受的，就像我们的头发、指甲没有感受一样。所以，人们通过修持密法里面的一些修法，最后可以把全身缩小，甚至是消失，但是意识没有涉及的几个物质（一个是头发，一个是指甲），是没有办法把它虹光的。（详见“超越生死篇”第 2 期《解密虹光身》。）

另外，刚才还提到了“我们的灵魂是从哪里来的”。从佛教的角度讲，那就是我们上一世的灵魂。我们上一世的灵魂与现在的这个肉体结合之后就成了“我”；到了一定的时候它们又会分离，分离以后，我们的身体就化为尘土了；灵魂会继续走下一段路，与另外一个物质结合。就像刚才讲的水，它蒸发之后变成了水蒸气，然后这个水蒸气可能再次变成其他物质，这跟物理学中讲的物质不灭是一个意思。

就像这张桌子，现在它是以一个木头的形式出现在我们眼前的，我们可以把它当作一个家具来使用。当这张桌子被毁掉以后，它的分子、原子，甚至更小的这些粒子是毁不掉的，它们永远都存在。所以，说不定再过一段时间，两年、三年、五年以后，它会以另外一种形式出现在我们面前。比如过去是一张桌子，现在就是一本书，构成这本书的原子、分子，其实就是过去这张桌子的原子、分子，这叫作物质不灭。灵魂也是这样，物理学讲“物质不灭”，佛教就讲“意识不灭”，实际上这两个都是不灭的。

主 **明白，谢谢堪布。这是一个非常难以回答的问题，有的时候我们会想，生活中有很多我们看不见、无法理解的东西，它们到底存不存在。**

慈 对。

主 我的一个朋友跟我说，意识是人看不到的，难道就不存在吗？无线网络你也看不到，难道就不存在吗？这时候就需要堪布这样的上师来给大家做出解答。好，我们看下一个问题。这位朋友，有请。

3

观 堪布，您好！我家里有人信佛，他们总是为我的学习或者工作祈福，有时明明是靠我自己的努力而提升的，他们却说是他们祈福的功劳；还说我如果没有变得更好，就是因为自己的业障，需要更多地去学佛和祈福。这个问题应该怎么解释？感谢堪布。

慈 你家里的人肯定非常希望你学佛，对吧？关于这个问题，我想，你在学习、工作上面有一些成就，那应该是你自己付出了很多。如果家人否定了你的努力，说全部都是他们祈福的结果，这样可能也不是很对。不过，他们为了你的学习或者事业去祈祷，做一些善事，对你的提升肯定也有一定的作用。因此，你也不能否定他们祈祷的效果，他们也不应该否定你的努力。我觉得这两方面的因素都有，有些时候你自己努力的成分可能会更多一些，但是也不能说他们的祈福没有起到作用、没有效果，这是第一。

第二，你有些时候不顺利、不成功，家里的人就说是你的业障深重，然后要更加努力地学佛。那这个对你有没有帮助呢？肯定也有帮助。但是，如果说你这一次没有成功全都是因为你不学佛，这样可能也不是很对。所以我觉得，你们各自都有对的地方，也有不是很对的地方。

我想，你的家人肯定非常希望你学佛，这样的话，你就满足他们的愿望，努力学佛；同时也在工作、学习上面努力，这个在现实生活中肯定会发挥很大的作用，因为事情的成败很多时候跟自己的努力有密切关系。

观 **感谢堪布。**

主 **谢谢堪布。其实一切都是因为爱。**

慈 是。

主 **父母对孩子们的爱，就是希望他们通过各种方式得到幸福。**

慈 对，确实是这样。

主 **也祝福大家。好，我们看下一位朋友，哪位朋友有问题？**

4

观 **我有一个小问题想请教您：咱们都说佛教就是要利益一切众生，那么我想问的就是，去利益好人或者善良的人，这个大家都能理解，但是为什么我们要去利益那些坏人，尤其是那些特别有钱的坏人呢？请堪布为我解答。**

慈 为什么不能帮助有钱的人呢？（众笑）有钱的人里面有需要帮助的，没钱的人当中也有需要帮助的，这与有没有钱没有太大关系。

好人和坏人之间，佛教更加重视坏人。因为好人他本来就好，而坏人则有可能做杀、盗、淫、妄等伤害自己、伤害他人、伤害社会的事情，所以他更加需要被帮助、引导。当然，佛教里面也没有说只帮助坏人，它认为众生平等，任何需要帮助的，它都会去帮助。

佛教里面有一个比喻可以说明这个道理：比如一个母亲，她有好几个孩子，这些孩子当中，其他几个都比较健康，唯独有一个是不健康的。这个时候，这个母亲更加关心的可能不是那些健康的孩子，而是生病的这个孩子，因为生病的孩子需要更多的照顾。同样地，佛就更关心那些不懂因果等诸如此类问题的人。不过，一般而言，只要众生需要，无论是好是坏、有钱没钱，大乘佛教都鼓励大家努力去帮助他们。

观 **好的。谢谢堪布，我明白了。**

主 **我发现今天观众朋友们提的很多问题，都是平常我们特别容易遇见，也是大家纠结许久的问题。今天堪布能够以自己的修行和理解为我们答疑解惑，令我们瞬间有种释然的感觉，再次感谢堪布！本期节目到这里就告一段落了，我们下期再会！**

慈 谢谢！

都说离苦得乐，到底离什么苦，得什么乐

——《慧灯·问道》“初入佛门篇”第 3 期

主　观众朋友们大家好！欢迎大家收看这一期的《慧灯·问道》节目。在这一期节目当中，我们邀请慈诚罗珠堪布继续解答大家在生活当中遇到的关于佛法的疑问和困惑。哪位朋友有问题？

1

观　堪布，您好！我身边的人都说学佛就是要脱离轮回、离苦得乐，但是人生本来就是这样，生命中既有快乐也有痛苦，我们为什么要远离痛苦呢？

主　我感觉这是一个有点难回答的问题。

慈　对，确实是。佛教提倡离苦得乐，大乘佛教则不仅仅是让我们个人离苦得乐，还要从身边的人开始，让其他所有的众生

都离苦得乐，这是大乘佛教的一个核心思想。

你刚才提到，人生当中有苦也有乐，这两者是并存的，既然这样，为什么我们还要试图离开痛苦？这个道理很简单。比如，在贫富之间，我们肯定会选择富而不会选择贫，对吧？想要富裕的话，首先要脱离贫困。在现实生活当中，一个人不可能既富裕又贫困——当然，上半辈子贫穷、下半辈子富裕，这种情况是有可能的，但贫穷和富裕并不是同时发生，而是在不同时间段发生的。所以，如果要富裕，首先必须要摆脱贫穷，然后才有机会富裕。

同样地，在痛苦和快乐两者中，我们肯定会选择快乐而不是痛苦。从理论上讲，这个选择是没有错的。比如我们生病的时候，一定会去看病、治病，我们不会说，反正人生就是生老病死，有健康就有病苦，有病苦就有健康，我无所谓。我们肯定会选择健康，而不是选择病苦。由此可见，我们在任何时候都会选择快乐而不是痛苦，问题是在实际生活中我们能不能实现这个选择。

正因为人生中有幸福的地方就有痛苦，所以佛教讲，我们所有的幸福和快乐都可以用“有漏”两个字来形容。所谓“有漏”，就是有漏洞的、不完美的、有缺点的意思。我们在生活中感到幸福和快乐的时候，往往只关注目前自己感受到的这一面，对后续发生的事情则欠缺考虑。如果再稍微深入地思考：这个幸福和快乐到底会让我堕落还是提升？进步还是后退？然后就会发现很多的漏洞，所以佛教称之为“有漏”。

那么，有没有一个方法可以把幸福和痛苦分开，把痛苦全部抛掉，只留下幸福？肯定是有的。但要使用这个方法，我们首先需要了解为什么有健康就有病痛，有快乐就有痛苦，为什么我们不可以只有幸福、健康。我们去研究、了解之后，就一定会发现它的根源，也就是为什么有漏的幸福离不开痛苦。

佛教认为其根源就是无明，无明就是无知、愚蠢的意思。有的人在世俗的层面，也就是在生活中，是一个绝顶聪明的人；然而在另外一方面，则有可能犯非常愚蠢的错误。一旦犯了错误就会导致这样的结果：他追求了很长时间，好不容易得到了幸福，而后又冒出他不愿意接受的痛苦。这有可能是因为他在这方面聪明的同时，在另外一方面却有点愚笨，他也有不了解的东西，这就导致了他的幸福离不开痛苦，健康离不开病痛。

所以，佛教建议我们全方位地了解生活、世界和人的生命。全方位了解以后，我们就可以断掉产生痛苦的因素，并且可以从根源上将其铲除。从今以后，你的生活当中就只有幸福、没有痛苦，这完全可以实现。

总结一下：首先，理论上这样的选择没有错；其次，这个理论要得以实践和落实，就需要我们稍微投入一点时间和精力；最后，如果我们的方法没有错，就完全是可以做到的。

观 **谢谢堪布，我明白了。**

主 **好的，谢谢堪布。请教堪布，我不知道这么理解对不对：我们平时所说的快乐可能承载着各种痛苦，但最后解脱或者到达一**

定境界之后，快乐其实是一种不悲不喜的快乐、大自在的快乐，可以这样理解吗？

慈 可以这样理解。不同空间、不同维度、不同层次的人，会有不同的价值观，不同的价值观所界定的幸福和快乐也会有所区别。当我们的智慧、意识提升到一定程度的时候，曾经认为非常重要的东西也许就不再重要了。比如，我们两三岁的时候特别执着的玩具，七八岁以后就不太感兴趣了；七八岁的时候觉得特别重要的、特别执着的东西，20岁以后却可能感觉无所谓。所以我们都在不停地抛弃一些东西，就这样一直在成长。

在成长的过程当中，我们的价值观也在不断地更新。每一次更新都会产生新的追求，并给周边的东西赋予新的定义。有些定义跟我们过去的定义会有冲突，所以我们成长之后，会主动地否定自己过去的一些价值观。当我们活到七八十岁，人生即将走到尽头的时候，是不是我们的意识也成长到了极点呢？其实不是。如果有机会找到其他方法，就能够让意识得到进一步的提升和成长，那时我们可能也会有新的价值观。也许我们会发现，其实在过去认为的极致的幸福和快乐之外还有更高级的、更有意义的幸福和快乐。

主 **明白，所以“人可以不成功，但不能不成长”，就是这个道理。谢谢堪布。我们看下面还有哪位朋友想提问。**

2

观　堪布，您好！佛教讲布施，是不是我们学佛之后就要任人宰割，别人要什么我们就给什么呢？

主　这个问题挺犀利的！

慈　也不是任人宰割。通过学佛锻炼自己，最后的确可以达到这样的境界：只要是自己拥有的东西，别人要什么你就会给什么。但是现阶段并没有这样的要求，因为这需要一个过程。比如把自己的肉割下来这种身体的布施等，大乘佛教里面讲，必须要达到一定境界时才可以做；如果境界还没有达到，就不可以做。佛教主张先易后难，所以我们可以先从最简单的事做起。

你家里肯定有很多平时不怎么用的东西，这些对你来说不是很需要，但对某些人来说可能非常需要。所以，先从布施自己最不需要的东西开始，逐渐地学习，最后达到连最喜欢的东西也能拱手相送，此时的布施就叫作“布施波罗蜜多”。“波罗蜜多”的意思就是已经到达了彼岸，从什么都舍不得的此岸到达了彼岸。也就是说，只要有人需要，我什么都可以送，至少我内心当中没有障碍和烦恼，达到这样的境界就叫作到达彼岸。

但是这中间会有一个漫长的过程，所以现在我们不能任人宰割，否则谁都不敢布施了。先要锻炼自己，把布施的心培养出来以后，再做这样的布施就很容易了，而且也很有意乐，这个意乐会给你带来很大的满足感。过去自己获得东西时都得不到的满足感，现在却可以通过给予得到。

过去的修行人是怎么训练的呢？他把左手和右手当作两个人，左手拿着一个东西，说“这个送给你”，同时把这个东西放到自己右手里；然后再把右手拿着的东西送给左手，这样简单地一步一步训练，最后训练到可以完全布施的境界。

布施有这样一个训练的过程，所以不用害怕。在还没有训练之前，你可以先把不是很重要的东西送出去，这也是一种布施；最后你也可以做到完全布施。

观 谢谢您。

主 谢谢堪布，我们继续下一个问题。

3

观 堪布，您好！我替朋友问一个问题：如果怀孕时发现孩子是畸形，或者有严重的疾病，医生不建议生下这个孩子，家里人也无法接受一个不健全的孩子，那么应该怎么办？谢谢堪布。

主 这是一个蛮有争议的话题。

慈 是，这确实是一些人可能面临的问题，也很不好回答。这是道德和现实之间的一个选择：如果说要保留下来，那么后期会有很多事情；如果说不要了，那也面临道德或者佛教的因果问题。所以，在道德和现实之间怎么选择，确实不好说。

但是，从佛教的角度一定会说，无论如何都要将孩子保留下来。因为孩子身体有问题是他自己过去的因缘，把他生下来则是父母的责任。把他生下来以后，幸福与否跟他自己过去的因缘、业力有关系；父母为什么有这样的孩子，跟父母自己的业力也有关系。如果把孩子做掉了，就会变成恶性循环，后果会更加严重——你结束了他的生命，不等于你们之间的因缘就了了，反而又结下了一个更坏的因缘。所以一定要把他生下来。

可能你对他的付出，要比对其他孩子多出几倍甚至几十倍，这也跟你自己过去的因缘有关系。你要有勇气为他付出。虽然他是一个先天有缺陷的孩子，但他是你的孩子，不是别人的，这都有一定的因缘在里面。另外，不管他有再大、再严重的问题，终究是一个生命，所以你要允许这个生命诞生，不要去阻碍。在任何情况下，只要是一个生命，就要允许他活下来。佛教会这样回答，我们的传统文化也会这样告诉大家。

所以，考虑到这些问题的话，就应该把他留下来。道理是这样，但是现实生活当中有很多的困难，至于怎么选择还是要看个人意愿。

主 **明白，有些时候面对这种选择会特别纠结，但是就像有些纪录**

片中所说的，无论如何，孩子都是上天给予我们的一个馈赠，应该好好爱护他。

慈 对，是。

主 感谢堪布的精彩作答，也感谢大家的积极参与。本期节目到这里就告一段落了，我们下期再会，谢谢。

佛经晦涩难懂，本意并非吓跑你

——《慧灯·问道》“初入佛门篇”第 4 期

主 各位观众，大家好！欢迎收看这一期的《慧灯·问道》节目。

许多人在刚开始接触和学习佛法的时候，一方面对佛法充满了向往和渴望，一方面又产生了各种疑问和不解。尤其是在遇到各种问题时，往往不知道该如何选择。别担心，“有佛法就有办法”，这期节目里，我们将邀请慈诚罗珠堪布为我们继续答疑解惑！

1

观 堪布，您好！都说佛教以慈悲为怀、以度化众生为宗旨，但相对于其他宗教，佛经实在有些晦涩难懂，为什么不用简单通俗的方式，让更多的人能够轻松地学习、了解佛法呢？

慈 对，你问的这个问题非常重要。人类的语言一直在不断地变化，每年都有新的词汇产生，每年也有词汇被淘汰。现在汉传佛教的《大藏经》，还有藏传佛教的《大藏经》（巴利文的我不太了解），都是几百年前的表达方式。虽然佛经的内容不能改变，但应该有一些新的表达方式。可是就像你刚才讲的，确实没有什么新的表达方式。对现代人来说，要读懂以几百年前，甚至上千年前的表达方式所写的深奥内容，非常难。因为学习佛经非常吃力，这样就导致很多人不想去学习，造成了非常不好的、消极的一面。

但佛教和佛经的本意并不是这样。在密宗的《时轮金刚》里，释迦牟尼佛故意把当时印度的梵文语法结构打乱。为什么呢？因为那时很多学者特别喜欢自己的文字，特别执着于文字以及文字的表达方式。他们写佛经时，会用写诗的方法去写，以此展现自己的文学水平。这样的结果就是，除了少数的学者之外，一般的老百姓都看不懂。这是佛在世时就存在的问题。于是，佛就故意把《时轮金刚》里面一些句子的语法颠倒过来。这种方法在当地的语言学中是不能用的，某些词也不能那样讲，但是佛故意这么用，就是为了打破这些人对文字的执着。因为要传递的并不是文字的优美与否，而是内容，只要能把内容讲出来，用什么样的语言和表达方式都没问题。这种情况在佛经里，尤其是在《时轮金刚》里最为典型。《时轮金刚》现在已经被翻译为藏文和其他文字，所以我们现在已经感觉不到佛陀这样的用意了。但是在梵文版本中，佛陀当时是故意把梵文的文法打破了。这是一个非常典型的例子。

另外，佛经中经常讲，不要去执着于文字。如果你能够表达清楚内容，用什么样的文字、语言、表达方法都是可以的。这在佛经里讲过很多，密宗、显宗里面都有。但可能由于历史的原因，过去学佛的人的层次和知识水平都比较高，无论是书写还是翻译，一般人做不了。所以对他们来说，以这样的方式书写、翻译，可能更容易理解一些。

现在也同样，有些人觉得用白话文写佛经和用文言文写佛经，读起来感觉就是不同。他们会认为，用文言文这种古老的语言方式写的佛经，读起来可以感受到其中的真正意义，所以他们就不太赞同用白话文来写佛经。但其实也不一定。这种观点通常与他们的职业有关系，因为他们是做这个专业的工作的，所以对他们来说，用文言文表达没有问题，对佛经的理解更没有问题，因此他们就喜欢用这种方式来表达佛经。本来佛经的内容就很深奥，再加上表达方式也非常完美，这样一来，读佛经对他们来说就成了一种享受。但是，如果换一个文言文水平没有那么高的人来看，这个就不是享受了，因为他根本就不知道里面在讲什么。

所以佛教必须要与时俱进，一定要更新表达方式，甚至用网络语言来传播也是非常有用的。因为很多流行的词，大家都看得懂、听得懂，也比较受大众喜欢，所以用这样的文字和语言来表达佛经也是完全可以的。只不过现在可能由于人力、财力等各方面的原因，佛教和佛教徒还没有做好这项工作，但这项工作是一定要做的，这非常重要。

观 **谢谢您，谢谢！**

主 这个问题提得特别好，新时代应该与时俱进。如何在人群中播撒佛教智慧的种子？现在网络上就有用脱口秀、现代音乐等各种形式来传播佛教精神的，让大家都能亲近佛教。

慈 对，确实非常好！我们还可以通过心理学、自然科学，尤其是物理学等学科来传播佛教，完全没问题。这个非常重要。

主 明白。好，有请下一位观众朋友。

2

观 **堪布，您好！我现在是开酒庄的，从事的是卖酒的行业，而且我自己也比较喜欢这个行业。近几年，我用经营获得的利润，做了一些公益环保和帮助孤寡老人、贫困学生等方面的慈善事业。现在我有一个小小的疑问，我最近听说，卖酒这个行业是有过失的，如果真是有过失的话，那我一定得改行吗？**

慈 嗯，很多人问过这个问题，许多人也面临这样的问题。《大涅槃经》里讲了几个佛教徒不太适合做的工作，其中一个就是卖酒。酒的生产、销售以及最后的消费，在整个过程中都会产生一些问题。比如对他人的健康产生不好的影响，也可能导致年轻人酗酒而影响学习，还会让平时人品非常不错的人酒后失控、犯罪等。因为希望能从源头上把这些问题解决掉，所以佛陀就说佛教徒最好不要卖酒。

能做到不去卖酒是最好的，但是这也不是一个原则性的问题。它不像直接去杀生或者偷盗、欺骗那么严重。像你刚才讲的，用开酒庄赚取的部分利润去做慈善，这样也很不错。不过，要在做和不做当中选一个的话，还是不做比较好。如果是自己的爱好，或者还有其他一些客观因素，那也并不是说一定不能做、非要改行，还是可以灵活处理的。但如果有条件的话，还是不做比较好。

观 **谢谢堪布！**

主 **堪布，我发现学佛其实很人性化，并不是那么刻板和僵硬，只要大家有一个利他的发心，就存在一定的灵活度。**

慈 对。饮酒到底是不是罪过，佛教本身就有两种不同的说法。一个是佛经的戒律，它比较严格；另外一个是《阿毗达磨俱舍论》，是佛教里对善恶因果讲得比较透彻的一部论典，也叫作《俱舍论》。它不是讲戒律的，而是讲佛教的世界观和人生观的。这两个出处的说法是不一样的。

《阿毗达磨俱舍论》的观点是：只要没喝醉，稍微喝一点酒不是罪过，跟喝其他饮料没有什么太大的区别；但如果喝醉了，并且导致不好的事情发生，这样才算是罪过。佛教戒律部分的观点是：不管喝多喝少，喝酒本来就是一个不太好的行为，有一点罪过。因为它讲的是戒律，所以就比较严格一点。佛教本身就有这样两种不同的观点。

此外，尽管佛教的戒律比较多，但最根本的戒律就只有四个方面，即不杀、不盗、不淫、不妄。这四个方面如果做得比较好，那么对于其他的戒律，完全可以根据自己的情况，能受持多少就受持多少。很多佛教徒由于没有了解佛教的本意，行为上又给人一种“佛教徒什么都不能做”的印象，看起来似乎有太多的约束和压力。本来生活就有这么多压力，学佛以后好像增加了更多压力，更加不自由、不自在。但其实佛教不是这样的，它教导我们打开心胸，然后将所有的执着、担忧等全部融化、化解，最后，当我们的意识提高到一定程度时，内心就获得了全然的自由。所以，它的目的是帮助我们变得更加自由、自在，而不是束缚我们，让我们的活动空间越来越小，然后倍感压力，肯定不是这样。

在有些问题上，大乘佛教的思想是非常人性化的。无论做什么事、卖什么东西，只要你的动机是利他，那么做任何事情都没问题。即便过程中发生了一些不好的事情，或者结果不是自己想要的，也都不算什么罪过。因为你的发心是为了帮助大家，只不过你没有做好。在一些问题的取舍方面，大乘佛教跟小乘佛教有很多不同之处。这个我们一定要学，非常重要。

3

观 堪布，您好！有时候我会在路上看见一些快要死的动物，比如猫、狗、小鸟等，但自己不方便去救治，或者我发现时已经来不及去救治了。这种情况下怎么帮助它们比较好？

慈 是，我以前放生时也是这样。在高速路上，或者在车流量很大、车速很快的地方，如果发现从车上掉下了一条鱼，或是掉下了一只麻雀、一只青蛙，我会下去捡，因为那时还不了解这样做可能会导致更严重的问题。

所以在某些情况下，我们确实无能为力，只能放弃。但是，我们也不是什么都做不了，对那些没有办法捡走、收养的猫咪、狗狗，我们可以为它们念佛经、念佛号，念阿弥陀佛的佛号或者其他佛号。如果有时间就为它们多念一点，最好是在它们能听到的地方念，这样也是有帮助的。

还有，一般我们去不了屠宰场，菜市场里有很多生命我们也没有办法救。但有一个方法可以帮助到它们，就是给它们念非常有加持力的佛名号和一些咒语。比如说大悲咒，还有观音心咒“嗡嘛呢巴美吽”，既简单又不费时间，大家也都会念。还有，有些佛教徒佩戴了一些非常有加持力的佛经，把佛经拿下来搁在它们的身上、头上，这样也可以帮助到它们。

只要我们有这样的利他心，那么随时随地都可以帮助其他众生。给予其他众生不同程度的利益，每一个人都能够做到。但遗憾的是，我们在生活中常常忽略这些事情，以为自己没有能力、没有时间；其实每个人都有这点时间，每个人也都有这样的能力和机会，只要你没有忽略这件事，那随时随地都可以做到。

观 **谢谢堪布！**

主 **我们也明白了，在面对众生的生死时，每个人都应该生起慈悲心。感谢堪布的精彩作答，也感谢大家的积极参与。本期节目到这里就告一段落了，我们下期再会，谢谢！**

慈 谢谢大家！

都说佛度有缘人，那谁是有缘人

——《慧灯·问道》“初入佛门篇”第 5 期

主 各位观众，大家好！欢迎大家收看《慧灯·问道》节目。本期节目，我们将继续解答初学者在学习佛法过程中所遇到的困扰和疑惑。现在让我们一起欢迎尊敬的嘉宾——慈诚罗珠堪布！

1

观 堪布，您好！我正在自学佛法。我看到很多人皈依后每天都要念经、念咒，还要上课、受戒，觉得好辛苦！他们改变了原来的生活，也受到了很大的束缚，这让我打消了皈依的念头。请问，是不是只有皈依才能表达对佛法的尊敬？有没有别的法门可以让我们不皈依就成佛呢？

慈 这是一个很大的问题，尤其是对年轻人来说。关于学佛，我们之前简单提到过，在大乘佛教里确实有很多学佛的方法。大家可以看看《般若经》，其中有一部大家都比较了解的经典叫《般若摄颂》。这里面就讲过，如果具备菩提心的话，那所有的物质享受都不放弃也没有关系，这也叫作学佛。

你刚才讲了很多的约束，这些约束主要涉及佛教的戒律。我们之前也提到过，佛教所有的戒律里面，最根本的就是不杀、不盗、不淫、不妄这四个。不杀就是不杀人；不盗就是不偷别人的东西；不淫就是不去破坏别人的家庭；不妄就是不欺骗人。那么学佛以后，这几个是不是一定都要做到？也不是，这些可以根据自己的情况来定：能做到四个就做四个；做不到四个，那就做三个；三个也不行，就两个；两个都不行，那就一个。这些都是很人性化的。还有，我们到寺庙时应该怎么做；磕头的时候，手应该翻过来还是翻过去……这些事情其实怎样做都没问题。在所有宗教里面，大乘佛教应该是最开放、最人性化的一个宗教了。所以，从佛教真正的价值观来看，可能有很多约束都是没有必要的。

刚才提到了，只要有菩提心，你什么都不需要放下。我们现在对放下的理解有很大问题，很多人认为放下就是远离、放弃，就是不要这些东西了。其实真正意义上的放下，和我们现在理解的放下完全不同。放弃不等于放下，比如我放弃了，但内心仍然牵挂、留恋，非常地执着，那么这个根本就不是放下。用强制性的方法使我们远离很多东西，这样的放下和不放没有太大差别，这些都不叫放下。

真正的放下不需要放弃任何东西。比如房子、车子和存款，以及各种各样的东西，这些你都可以拥有，不需要放弃。一个非常好的修行人，同时也可以拥有富足的物质生活，这两者完全不矛盾；一个大乘佛教的修行人，同时也可以打扮得非常时尚，这并不矛盾。所以不要以为，学佛以后很多事情都不能做，打扮以及很多现代化的东西都不能碰。其实不是，只要我们不杀、不盗、不淫、不妄就可以了。简单地说，只要我们的生活、工作没有危害到其他人和其他生命，那生活水平高一点、低一点都没问题——你喜欢高一点就高一点，你喜欢低一点就低一点，怎么过都没关系。

我们要好好学一学大乘佛教对我们的真正要求。很多民间信仰导致的约束，以及一些不太准确的观念，都与民间风俗有关系。佛教毕竟有几千年的历史，在本土化之后，与当地的许多民间风俗、民间信仰等掺杂在一起，导致大家分不清这些到底是大乘佛教的意思，还是后人所添加的，然后又因为分不清楚而产生了很多没有必要的约束。像不杀、不盗等这样的约束，我们确实需要，但有一些约束是我们不需要的。

因此，在一个现代化的城市里过现代化的生活，同时拥有古老的佛教思想和智慧，这两者是完全不冲突的。很多冲突是我们自己想出来、造出来的，真正的大乘佛教其实非常开放。我们可以先读一读大乘佛教的经典，比如刚才提到的《般若摄颂》，里面讲得非常清楚，这两个完全不矛盾。

还有一点，你刚才提到了皈依。皈依跟这些约束有没有关系呢？没有关系。皈依了以后是不是多了一些约束呢？也不是。皈依虽然有皈依的戒律，但这些戒律都非常简单，根本就不会给我们的日常生活造成任何压力。

另外，有没有一个方法可以不皈依就直接成佛呢？“皈依”这两个字的意思，就是我们依靠佛走向解脱的道。在走解脱道的时候，我们需要一个依靠。比如学生在学校读书的时候需要老师、课本等，没有这些，他就没办法学。当然，更多的还是要靠自己。同样的道理，皈依的时候，释迦牟尼佛就是我们的老师，释迦牟尼佛宣讲的大乘佛法就好比是课本，我们要这样去学习。实际上，当你有“我要成佛”这个想法的时候，就已经有了皈依的心，只是缺一个简单的皈依仪式而已。所以，现在不需要去寻找不皈依而成佛的方法，我们可以寻找一个既没有太多约束，又可以成佛的路。这样的路有没有？有，绝对会有的。

主 **好，我们继续问下一个问题，有请！**

2

观 **堪布，您好！我对藏传佛教不了解，我见到有寺院把上师和佛陀并排供奉，还要皈依上师。这样还符合“依法不依人”吗？**

慈 问得非常好，可能很多人也有这样的问题。一般情况下，寺庙佛堂的摆设，最上面放佛经，然后佛像放在佛经的下面。佛像的序位，最高处放释迦牟尼佛，其次是莲花生大师或者其他佛菩萨，比如文殊菩萨、观世音菩萨等，最下面放我们自己的根本上师。

摆放位置的高低不代表谁高谁低，因为佛教的创始人是释迦牟尼佛，所以释迦牟尼佛要放在最高处；然后就是莲花生大师、观世音菩萨、地藏王菩萨等；离我们最近的是我们的上师，所以就是放在下面。顺序就是这样。

有些人把佛跟自己的上师放在一起，这个也没有太大的问题。是不是每一位上师的境界都跟佛一模一样呢？这个也不一定。但是对我而言，把佛陀的思想和智慧传递给我的，不是释迦牟尼佛，不是文殊菩萨、观世音菩萨，而是我的上师。如果释迦牟尼佛今天来到我面前，那他度我的方法是什么呢？肯定是为我讲经说法，然后给我指一条非常好的路，仅此而已。那么这个度我的工作，今天是谁在做呢？不是释迦牟尼佛，也不是观世音菩萨，而是我的上师。所以对我来说，上师就代表了佛。因此我们观想的时候，把上师跟佛观想在一起，把他们的像放在一起，就是为了表达这样的恭敬。

那么，这是否违背“依法不依人”的原则呢？没有违背。我们对上师的恭敬不是因为这个人，而是因为这个人的心里有法，所以我们去恭敬他。如果他的心里没有法，那我们会这样恭敬吗？不会的。我们之所以这么恭敬上师，就是因为他的内心当中有佛的智慧，而且他把佛的智慧传递给我们了。恭敬的原因，实际上还是因为法。

在藏传佛教，尤其是密法里，在依止一位上师之前，必须要先观察很长一段时间。观察什么呢？不是观察他有没有权势等世俗的东西，而是观察他内心当中有没有佛法，他有没有境界，他有没有戒、定、慧……是在观察这些。正因为不能违背“依法不依人”的原则，所以才要这样去观察。如果不是依法而是依人的话，那就看谁有名气、有势力，就去依止谁了。因此，依止上师与这个原则是不矛盾的。

观 **感恩堪布！**

主 **好，谢谢堪布！继续我们的问题吧，大家可以畅所欲言，让堪布为大家答疑解惑。我们请下一位朋友。**

3

观 **堪布，您好！都说佛度有缘人，请问谁是有缘人？**

慈 “佛度有缘人”是大家常说的一个口头禅。从佛教的观点来讲，这个世界上没有佛不度的人。佛经里讲，所有生命最后都会成佛，他们的心灵也一定会提升到巅峰，就是佛的境界。每个众生都有这样的机会，所以没有佛不度的众生。

但是，佛经里也讲到有一种断根的众生。“断根”的“根”是什么意思呢？就是我们学佛的天赋和因素。每个人都会从上一世带来某些喜好，这跟过去有关系，跟现在的身体也有关系。有些人对学佛、修行特别感兴趣，这个兴趣，佛教里面就叫作根。断根是什么意思呢？有一些人，不管在什么样的环境、条件下，无论怎么教育、劝导，对学佛、修行就是没有丝毫兴趣，这样的人在佛经里面就叫作断根的人。断根的人暂时是度不了的，不过，这个断也不是永久的断——没有永久断根的人，只是目前这个阶段断根而已。佛暂时没有办法度断根的人，所以除了断根的人以外，其他人应该都叫作有缘人。有缘的人，佛都会度的。

那断根的人，佛是不是永远都不度呢？也不是。总有一天，断根的人也会变成有善根的人。因为所有人的心底都是善良的，只是目前这个阶段，由于种种原因，他善良的部分还没有显露出来。有一天，当他显露出善的一面时，他也会变成有缘人。因为此时与佛的频率相应，他可以接收到佛传递给他的信息，只要他愿意接收，佛就可以度他。

观 **谢谢！谢谢堪布！**

主 谢谢堪布！今天我们得到了堪布的很多分享，虽然我们在学佛、修行的路上，会遇到很多疑惑和困扰，但在《慧灯之光》里有这么一句话：今生能遇到大乘佛法是非常不容易的，这种来之不易的机遇，让我们的人生变得非常完美、圆满而有意义，所以我们一定要珍惜。

本期节目就到这里，下期节目当中，我们就初学者遇到的问题，继续为大家答疑解惑。下期节目再见！

我想直接造个理想世界，行不行

——《慧灯·问道》“初入佛门篇”第 6 期

主 各位观众朋友，大家好！欢迎大家收看这一期的《慧灯·问道》节目。在这一期的节目当中，我们邀请到慈诚罗珠堪布继续为我们答疑解惑，希望能够为初学佛的朋友们带来一些帮助。

观 **堪布，您好！既然万法唯心造，那为什么我们不能够随心所欲，想造成什么样就造成什么样呢？**

主 这个问题很诙谐。

慈 这肯定是很多人想问的问题。佛教里面，尤其是大乘佛教，口口声声说万法唯心造，佛经和论典里都这么讲。但这句话很容易让我们产生这样的疑问：既然万法唯心造，那我为什么不能把这栋房子变成另外一种样式，或是把这张桌子变成另外一种形状呢？产生这种疑问是可以理解的，不过，首先我们要了解一下什么是“万法唯心造”。

“万法唯心造”最简单、浅显的意思是：当你很开心、心情很好的时候，生活中的一切都会给你带来好的情绪。因为自己心里很愉悦，所以感觉身边的每一个人都在对你笑，没有一个人让你感到郁闷、不愉快。而且这个时候，哪怕周围环境和生活状态很糟糕，你也不会在意，甚至还会觉得很好、很满足。反之，如果自己内心状态不好，那么就算住在最好的地方，也不会感到快乐。

就像我们心情不好的时候，会发现看到的每张脸都不高兴。尤其是患有抑郁症的人，他会觉得别人都对他不好，都在说他、侮辱他等。有的抑郁症患者，哪怕别人对他笑一下或者打个招呼，他都会从另外一个角度去理解，甚至两三天都沉浸在痛苦中无法自拔。实际上别人对他根本没有恶意，就是打个招呼而已，但因为他自己的内心出了问题，才会这样曲解他人。

平时我们和父母、朋友、同事相处的时候，也经常会发生一些不愉快的事情。虽然大家都知道这样不对，也没有必要，但当时就是控制不了自己的情绪，经常因为一些很小的事情，导致大家都很不开心。这时不要向外去要求别人改变，而是往内改变自己的心态。只有调整自己的内心，才能避免误解，让心情放松下来。每个人都从自身做些改变，所有问题就都解决了。

在生活中，有时因为我们对物质特别挑剔，导致自己总是没有满足感，心里非常烦躁。这时我们不要再去外面寻找答案了，要知道最严重的问题不在外面，而在里面。如果希望环境能给自己带来一些幸福、快乐，那么就要调整自己的心态，这样环境就会给我们带来幸福感。

以上举的几个例子，是对“万法唯心造”最简单的理解，也是离我们生活最近、最实用的理解方法。另外一个更深层次的“万法唯心造”就比较难理解了，在这个层面上，虽然确实是万法唯心造，但我们要去改变，或者是运用到生活当中，仍然有一定难度。

佛教讲的“万法唯心造”，就是说我们看到的这个世界，实际上是我们自己创造的。这是不是跟唯心主义的观点一致呢？当然不是，只是某些地方表面上看起来稍微有点像。这个观点所表达的意思是：今天我们看到的东西，是我们的视觉创造出来的；我们听到的声音，是我们的听觉创造出来的；我们闻到的气味，是我们的嗅觉创造出来的……其实我们活在一个自己创造的世界里面。当有一天，我们把这一切都打破了，从这个世界里走出来、不再继续创造这个世界的时候，我们就解脱了。

但是，要把这个理论运用到生活中有点难，前提条件是我们需要有一点点觉悟。当有了这个觉悟的时候，无论人生中遇到什么样的问题，即使再严重，都能轻而易举地解决；如果我们没有这个觉悟，或者觉悟还达不到这个层面时，很多时候还是难以用上。虽然是万法唯心造，但是这个世界已经定型了，因为我们过去的执着把它变成了这样，所以现在要改有点难。

这就像某个电脑程序，大家都知道这是人编写出来的。人把程序编完以后，电脑就会按照设定的程序去工作。虽然程序是人编写的，但是我们也无法随心所欲地改变其中的步骤，除非是到后台把程序改了，电脑才会改变它的工作方式。同样的道理，如果我们要改变现实生活的话，那这个程序的后台是什么呢？就是我们的阿赖耶识，它是精神、意识最基础的层面，相当于人脑的后台。今天我们看到的好的、不好的东西，形形色色的世界，过去经历的所有事情……这些程序就储存在阿赖耶识里。如果想改也可以，但不能随心所欲地改，要到阿赖耶识里去改。在阿赖耶识里将程序改写之后，我们怎么改，它就怎么工作，这与电脑的工作原理一模一样。

那么我们怎样进入阿赖耶识？进入了以后又怎样去改？这些需要具备比较高的佛学知识以及具体的操作方法。用佛教的话来讲，这个叫作修法，也就是修行的方法，有了这些方法就可以改变。如果不从这个地方下手，那我们不可能从表面上改变这个世界。就像电脑程序一样，我们不可能坐在电脑屏幕前面，想让它怎样就怎样。

虽然这个世界确实是唯心所造，但直到现在我们都认为，自己看到的一切物质是客观存在的，是实实在在存在的物质。可实际上，我们所看到的物质是什么呢？一个是物质的三维空间的形状；另外一个就是物质的颜色。除了这两个以外没有物质，所谓的物质都包含在这两个要素里。

物质本身没有颜色，颜色是我们视觉中的影像，这在物理学里讲得非常清楚。我们看到的五彩斑斓的颜色，其实并非物质本身的颜色。那么这些颜色是从哪里来的呢？这就是我们大脑里的一个画面而已。我们一直都把自己大脑里的这个画面，误以为是外在的东西。比如我们做梦的时候，梦里的世界其实都在我们的大脑或者内心里面，外面并不存在梦中所看到的一切。但是每次做梦的时候，我们都把自己大脑里的这个画面当成是一个真实的世界，梦里的痛苦、快乐和现实生活中一样真实，然后我们就在这个梦幻的世界里拼命挣扎。

如果说现实生活也是这样，这会令人有些难以理解。但是，当我们分析自己看到的形象、听到的声音时，就会发现，其实现实生活中的物质都不在外面——用佛教的话来讲，就是在我们的意识中；用科学的话来讲，就是在我们的大脑里。这两者并不矛盾。

我们看到的都是自己大脑里面的画面。颜色、三维空间的形状都是错觉，绝对是错觉。怎么证明这个是错觉呢？非常简单，如果肉眼的灵敏度再稍微高一点，那我们看到的这张桌子、这栋楼就不是现在这样了。佛教里有个名词叫作旋火轮，旋转的火像车轮一样，发出环形的火光。比如说，当我们点燃一支香，不移动的时候它就是一个点，慢慢移动的时候也是一个点，但是，如果旋转的速度快到一定程度，那么它看起来就不是一个点，而是一个环。

电影《超体》（*Lucy*）里面就把这个道理讲得很明白。比如一辆卡车，如果它以正常的车速从我们的眼前开过去，那我们就可以看得清清楚楚；如果它的速度非常快，快到一定程度的时候，我们根本就无法看清楚它到底是什么，因为它在我们的眼里已经变成了一条线，而不是一辆车。又如，晚上我们抬头看星空时，有很多流星从夜空中划过，从东边到西边，或从西边到东边，看起来就像是一条线。但实际上流星并不是一条线，只是因为它的速度很快，所以在我们的视觉里它就变成了一条线。

构成物质的每一个原子也是这样。原子由原子核和电子组成，每一个原子核的周围都有一些高速运动的电子，但我们看不到这些高速运动的电子，在显微镜下面，也只能看到一个点状的东西。这个点实际上不是一个点，而是很多的电子在运动，但在我们的眼里就变成了一个点。就像刚才讲的，一支香高速旋转的时候，它在我们眼里就是一个环形的火光；当这支香离我们远一点，或者旋转的圈再小一点，那时我们就连环形的光都看不到，看到的只是一个红色的点。因此，原子本身就是我们视觉的错觉，很多的错觉凑在一起就变成了所谓的分子，然后很多更大的分子凑在一起就变成了物质。也就是说，我们看到的物质的形状，实际上从原子开始，就是由我们自己的视觉创造出来的。

所以眼前的这把椅子，它之所以成为我们现在看到的这个样子，除了它的物质成分以外，还必须有我们的视觉参与其中。如果我们的视觉不参与了，那么它就没办法变成这样的椅子。所有东西都是这样，这是实实在在的道理。如此一来，我们会很容易发现：原来这个世界的颜色都是我们自己创造出来的；这个世界的形状，无论圆的、方的，长的、短的，也都跟我们的视觉有关系。

实际上，我们的眼睛除了形状和颜色，还看到过什么吗？没有，我们看到的就这两个，而这两个都是错觉。由于这个错觉从出生开始就伴随着我们，因此我们不认为这是错觉，一直把它当成是外面的世界。其实有一样东西，它经常都在提醒我们这一切都是假的，可我们从来都没有把它当一回事——这个东西就是梦。梦告诉我们，它可以变换出很多奇妙的东西，以此来欺骗我们。遗憾的是，第二天醒来后，我们也没有往这方面去做更深入的思考。

除了眼睛看到的以外，耳朵听到的、鼻子闻到的、身体接触到的……统统都是这样。我们对这个世界的认识，80%都来自我们的视觉，因为只有眼睛看到后，才能了解其他更多的知识，而眼睛看到的实际上都是错觉。这就说明，我们80%的知识都来自错觉。但这些错觉暂时不会改变，因为这个程序已经在我们的阿赖耶识里面编写好了，如果没有刻意地去变动后台的程序，那么这些错觉都会显得非常真实，因为所有的设计都天衣无缝，所以我们一辈子也不会发现它的漏洞。

那在这个世界里，到底有没有一个跟我们的主观意识没有任何关系的、所谓客观存在的东西呢？这也是科学家最头痛的事情。这个所谓客观存在的东西到底有没有？继续分析下去的话，最终会变成什么样子？科学家对此没有把握。佛教认为再这样分析下去的话，最后就是一无所有。

如果最后是一无所有的话，那这个世界怎么会无中生有呢？实际上并不是无中生有，真正的“有”存在，就是我们内在的精神。我们的精神就像一个投影仪，这个世界就是它所投影出来的画面，但我们一直都不知道这个世界是自己投影出来的，以为本来就存在一个这样的世界。其实这个世界的生灭等任何一个变化，它的程序就在我们的阿赖耶识中。

那这个程序是谁编的呢？是上帝、造物主，还是民间讲的鬼神？佛教认为都不是。万事万物都有自己的因缘，这个因缘就叫作缘起。佛教认为这样的程序和因缘不需要上帝、鬼神等的参与，物质有自己的因缘，它会根据自己的因缘发展、变化。

如果要进一步去了解的话，那就要去学般若波罗蜜多，学龙树菩萨的中观。如果我们学到了、体会到了，那么在我们的生活中，这个力量就非常强大，它能够从根源上解决所有问题。不过这有点难，需要我们先修行、学习，提高自己的觉悟。当我们有这样的觉悟时，才能够发现这个真理。

我们刚才讲过了，这个理论并不难，但仅仅知道理论不一定能起到很大的作用，所以还需要修行。首先理论上要明白，然后再去打坐、修行。到了一定的时候，我们就可以把这个理论运用到生活中，以此来面对人生的所有坎坷及一切变化。从此以后，人可以彻底达到真正意义上的轻松和自在，这个时候没有任何约束，是真正的自由、自在。

佛希望众生都能够达到这个境界，这就是佛教讲的幸福、快乐。除此之外的幸福、快乐，佛教也不否定。但是佛教认为，在智慧还没有达到这个境界、没有提升到这个级别之前，我们现实生活中的其他幸福、快乐，虽然也叫作幸福、快乐，但其中掺杂了太多不幸福、不快乐的因素。所以，佛教很多时候不怎么提倡大家去追求这种幸福。

这就叫作万法唯心造。虽然是唯心造，但是不能随心所欲地改变，原因大概就是这样。

主 谢谢堪布！这是关于“万法唯心造”的全面介绍，这句话我们都听过很多次，但今天第一次对其真实的含义有了深刻的理解。

感谢堪布为我们做的精彩解答，感谢大家的积极参与。本期《慧灯·问道》到这里就告一段落了，我们下期再会，谢谢！

第肆章

初识生死篇

死亡不是爱的终点

关于死亡这件事，你认真地想过吗

——《慧灯·问道》“初识生死篇”第 1 期

主 大家好！欢迎收看《慧灯·问道》，在本期节目中，我们要谈论一个特别的话题——死亡。

近几年流行一本书，叫作《西藏生死书》，它让我们认知生命和死亡，了解如何迎接死亡、如何帮助临终者和亡者。我想这本书的热销说明了一个问题：很多人都想要了解死亡。确实，死亡对于我们每个人来说，都是一个必然会发生的、不争的事实。所以今天的节目，有请慈诚罗珠堪布为我们解答关于死亡的问题。

堪布，很多人一提到死亡就会想到：人死了，一切都结束了，就好像老人们说的“人死如灯灭”。您对此怎么看呢?

慈 死亡本来就是一个比较沉重的话题，不过，我们今天以一个比较乐观的态度和心情来讨论这个问题。

其实，死亡并不是我们很多人所说的“如灯灭”，但是人类很久以前就有这种想法了。为什么人们会这么认为呢？因为人类对大自然、人生，以及生命的真相，有一个缓慢的、逐步了解的过程。过去的错误观点，有一部分被后来的科学、哲学及佛学逐渐地纠正，有些却一直保留到现在。

那么，这些错误的观点最初是怎么产生的呢？举例来说，比如一个身高1.7米的人，他面对大海或者站在大草原等辽阔的地方，抬头望向远方，此时他的视野范围只有4600多米，更远处就看不见了。因为地球表面是球形的，所以只能看到方圆4600米内的地方。即使他继续往前走，走到之前看到的地平线处，再怎么往前看，还是只能看到同样远的地方。而且，因为眼睛看到的地面是平的，所以过去的人都认为世界是平面的，并不知道地球是球形的。为什么有这样的想法呢？因为无论走多远，人能看到的范围始终非常有限，无法去了解自己视野以外的地球，所以他们认为，没有看到的地方应该也都是一个样子，于是就产生了“地球是平面的”这个错误的认识。还有，太阳、月亮都是从东边升，西边落，因此大家都认为它们在围着我们转绕。这也是一个错觉，但几千年来大家都误以为这是真理。

同样地，我们对生命的了解也非常有局限性：往前看，可能也就活到100岁，或许更多，或许更少；往回看，一个四五十岁的人，只能看到这四五十年间的事情，其余的都看不见。因此人们就认为，除此之外都不存在，人死之后一切都结束了。

早期的时候，由于人类的思维还不成熟，没有能力把肉体和灵魂分开进行研究分析，因此把肉体和意识看成一个整体。一旦人的身体归于尘土之后，他们就认为一切都结束了，因此草率地得出一个十分简单的结论：人没有前世，也没有后世。这个观点后来一直保留了下来。

现在科技发达了，人类的思维也成熟了，但仍然有一部分人没有把死亡当一回事。虽然生死是人的生命中最重要的事情，他们却整天忙于其他琐事，没有把死亡当成一个课题去专门研究。况且，如果没有正确的引导，仅以个人的能力去研究，也未必能研究出什么结果。所以，虽然很多人对死亡非常恐惧，但是在没有办法的情况下，也只能避而不谈。

主 **更多人选择的是回避，忌讳谈这个话题。**

慈 是的，甚至很多人觉得，谈到死亡不吉利，根本不敢谈。但是，死亡总有一天会发生的。我们买了医疗保险、汽车保险等名目繁多的保险，实际上这些未必用得上。但因为我们会有这样的焦虑，担心也许会发生什么意外，为了以防万一，所以就买了很多。死亡不是这样，它不是也许会发生，而是一定会发生。可是很多人却不愿意谈，一味回避，于是问题始终没有解决。

所以，我们面对死亡的时候，不要盲目乐观，也不要太悲观；不要把它当作一件异常恐怖的事情，要正确地面对死亡。从目前来看，能够比较正确地阐述死亡及其整个过程的书籍，在藏传佛教的密法里面可能比较多一些。其他像心理学、哲学也会涉及这方面的内容，但是到目前为止，都没有得出让人很满意的答案。

总的来讲，“人死如灯灭”这种观点虽然有很长的历史，但是实际上这个说法靠不住。它的证据太过简单，没有什么真正可靠的理论支持，所以站不住脚。因此我们还是要重新思考一下，死亡到底是怎么回事，死亡时会发生什么事情。

主 谢谢堪布。有一部口碑很不错的电影，我相信堪布和在座的各位观众也看过，这部电影叫作《滚蛋吧！肿瘤君》。主人公熊顿是一位癌症患者，她以一种积极、乐观的态度面对自己的疾病和死亡。在熊顿的葬礼上，也就是影片最后，播放了一段熊顿生前录制的视频，我们一起看一下这个视频。（播放视频）

这个电影让大家都很感动啊，我每看一次都会哭一次。熊顿面对死亡时，那种积极乐观的态度感染了大家。在座的各位观众朋友，你们如果真正面对死亡的话，会是一个什么样的心态？有没有和熊顿不一样的？

观 堪布，您好！面对死亡的时候，我就和刚才电影里的主人公很不一样，我没办法像她那样乐观。一想到死这件事，我就心里发慌，不敢多想，当然，也想不出太多。是不是现实中很多人都跟我一样啊？

主 看来确实是有和熊顿不一样的态度。其实我想，这位观众朋友说的也代表了大多数人对死亡的一种态度。我想请教一下堪

布，当死亡真正来临的时候，我们应该用什么样的态度或者什么样的方法去面对呢?

慈 其实短片里的主人公面对死亡时，也不是很乐观。只有少数的修行人因为彻底地了解了死亡，牢牢掌握了面对死亡的方法，才能够真正用发自内心的乐观态度去面对。除了这些少数的修行人以外，我想普通人当中，几乎没有一个人能够真正从骨子里用乐观的态度去面对死亡。

主 **也许我们可以很勇敢地去面对，但是我们并不清楚，该如何真正地解决死亡时遇到的问题。**

慈 是的。短片里的主人公用这样的方式面对死亡，确实让我们很佩服，一个普通人想出这样的方式，确实很了不起。但是看得出来，她骨子里也不是很乐观，肯定是这样，大家都能理解。任何事情都是这样，只有在很有把握的情况下，才可能会真正的乐观。就像我们去做一件事情，当有一定把握时，才会表现出积极乐观的态度；如果处在人生地不熟的环境，不知道到底会发生什么，就会有一些顾虑和忐忑不安，不可能很乐观。

所以佛教要求我们正视死亡，不要把它美化，也不要把它妖魔化。死亡，或者说生老病死，其实只不过是一个周期性的生命活动而已。就像天上的日月星辰，它们都有周期性的活动，如日食、月食等就是天体在宇宙中的活动，它们一直都在这样循环往复。同样地，我们的身体从幼小到衰老也是一个过程，然后换成另一个身体，再次从头开始经历这个过程，一直都是这样周而复始。

生命也是这样，它伴随着我们的肉体经历了很多生老病死，但它本身不会生、不会老，也不会死。生命是永远都存在的一个能量，虽然它的载体会发生很多变化，但是内在的生命本身不会有什么变化。比如我们现在看到的桌子，它的形式可以有变化，但是它的原子、分子及更小的粒子是不会有什么变化的。假如这张桌子被毁了，那只不过是它的形式不存在了，但是它的原子仍旧存在。几个小时或者一年以后，这些粒子又会组合成另外一个物质，这就是物理学里讲的物质不灭定律。

虽然物质不灭，但我们认为物质灭了。比如这束花，一两天后它会慢慢地枯萎，然后被当成垃圾扔掉，最后腐烂、消失……因此我们认为它不存在了、灭了。但其实它没有灭，只不过是形式发生了一些变化，它的本质并没有变。可是，由于我们的肉眼只能看到有变化的、形式上的东西，而看不见事物的本质，于是就下了这样的定义——无论是物质还是人的生命等，只要在我们的视线里消失不见，那就是不存在了，结束了。但实际上，如果用显微镜看的话，它们还是存在的，并没有消失。就像这朵花枯萎以后，虽然形式上发生了变化，但它不会永久地离开我们，因为它的原子、分子会变成其他东西重新出现在我们眼前，我们还会再次相遇。

物质是这样，内在的生命更是无法被看到。但是这个看不见的东西，它的变化过程和宇宙空间中任何一种物质的变化规律都一样。无论是作为物质的身体，还是我们的意识、精神等，它们的自然规律都一样，基本上都遵循这样的循环定律。

我们看不见的东西就真的不存在吗？我们进一步思考就会发现，其实身边的很多东西都在提醒我们："我"没有消失，"我"一定会换成另一个形式出现。刚才这个视频里也提到了，她说的这一点确实没错，只不过是换了一个形式。过去她以这样的形式出现在我们眼前，现在她暂时从我们的视线里消失了，但是这并不代表她永久消失了。在机缘成熟的情况下，她一定会再次出现在我们的视野中。但最遗憾的是什么呢？就是我们不知道她是谁。比如这朵花的原子和分子，几天之后会组合成另外一种物质，当它再次出现在我们的眼前时，我们不知道这是原来那朵花的原子、分子，还以为这是一个新的东西。

我们的想法一直都是这样，对生命的了解也是如此。我们认为这个小姑娘走了，她的生命结束了；当下次遇到一个新诞生的生命时，我们认为这是另外一个生命，但实际上，她有可能就是过去的那个人。因为我们无法看见生命的本质，只能看到外表，而外表已经发生了巨大的变化，所以就认不出来了。这是最遗憾的，也是我们最无知、愚昧的地方。

我们认为过去的统统消失了，现在的全部都是新的，但实际情况并非如此，所有物质都在不断循环中，因此佛教就用"轮回"这个词来描述这一切。虽然这个词主要指人的生命，但我们所处的场所乃至整个宇宙，都在这个轮回的概念中。我觉得这个词用得很不错，人在轮回，物质也在轮回，包括夜晚抬头看到的满天星斗也在轮回。我们看到的、听到的、接触到的……所有的物质都在轮回。

主 **就是说死亡不代表结束。**

慈 对，死亡不代表结束，只是一个周期性的生命活动而已。包括宇宙中的这些天体运动也是有周期性的，比如日食和月食，月食一般出现在农历十五，不会出现在三十；而日食在一年中不会出现太多次，一般在农历和藏历的三十，不会出现在十五。

主 **它有一个固定周期。**

慈 对，它们的运行速度和轨道都是固定的，不会乱来。至少在一段时间内，比如几千年、几万年中，都是固定的。所以，不仅人的生命在轮回，它们也在轮回，但我们看到的往往只是片面而已。

那现在我们需要做的是什么呢？首先需要对死亡有一个正确的了解。我们不要站在任何一方，不要带有任何成见，以客观、实事求是的心态去研究。现在的数据和资讯都很丰富，除了佛教讲的以外，还有很多其他方面的资料可以借鉴。比如现实生活中出现的事例，还有一些国外的生命科学机构，他们的研究数据确实也很多，所以想去研究并不难。真正了解了以后，我们既不要太盲目乐观，也不要太消极悲观，要坦然地去面对，正视它的真实面目。

更重要的是，我们必须知道死亡会来临，而且死亡中发生的一切都可以掌控，这一点对我们来说非常关键。对于即将发生的某一件事情，如果我们发现自己在其中没有任何发挥作用的空间，就会很被动。但死亡不是，只要我们真的把死亡当一回事，认真去研究，这里面有很多都是人可以掌控的。

当然，这与我们过去的业力和命运也有关系，但并不是说业力和命运已经注定了就无法改变，根本不是这样。所以不要那么消极。

我们都很关心生老病死中的“老”，很多人愿意在这方面投入；人们也都非常关注“病”，这方面也投入了不少精力、物力；但就是没有关注“死”。原因是什么？一是我们错误地认为，死亡就意味着一切都结束了，没有必要关注；二是很多人觉得，反正已经注定了，自己插不上手，也没有发挥作用的空间，该怎么样就怎么样。

其实这两个想法都是错的。第一，死亡并不意味着一切的结束；第二，不是我们插不上手，如果掌握了方法，死亡的整个过程都是可以掌握和操作的。所以它有非常积极的一面，我们应该去了解、掌握。

主 **要了解、要掌握、要面对。**

慈 是的。

主 **感谢慈诚罗珠堪布细致的解答，感谢大家的积极参与，下一期节目再见！**

雨纷纷，杏花村——清明时节全攻略

——《慧灯·问道》“初识生死篇”第 2 期

主 大家好，欢迎收看《慧灯·问道》。

上期节目中，就如何面对死亡的话题，我们与慈诚罗珠堪布进行了交流，这一期节目我们将继续这个话题。首先让我们用掌声欢迎慈诚罗珠堪布！

1

观 请问堪布，人火化后的骨灰应该怎么处理？传统做法是葬入墓地，后来又有了撒入大海等一些新的安葬方式，不知道佛教有没有什么说法？如果骨灰处理得不好，会不会影响亡者的来世？谢谢堪布！

慈 这很重要。人去世以后，家人肯定要帮他做一些事情，遗体的处理就是其中主要的部分。

传统的骨灰安葬是可以的，如果想与佛教结合的话，佛教有一些咒语，例如不动佛心咒，可以打印出来放在骨灰上面，然后一起安葬，这样对亡人有帮助；或者由僧人在寺庙念大悲咒、不动佛心咒，念完后，把被咒语加持过的水洒在骨灰上面再安葬，也是一个比较好的方法。我们既可以用传统的方法，也可以与佛教的方法相结合。

如果想把骨灰撒在大海里，那在亡人被火化之前，需要打印不动佛心咒与遗体一起火化。如果没做到，那就用不动佛心咒和大悲咒加持过的水洒在骨灰上面，然后再撒到大海里去。这是佛教的安葬方法。

此外，藏传佛教有一些比较特殊的方法，比如把人的骨灰做成一种叫作“擦擦”的小佛塔。当然，人的骨灰是不可以直接做佛塔的，需要一系列的仪轨对人的骨灰进行加持，使其变得比较干净后才可以成为做佛塔的材料。做完后要选择适当的地方安放，这样对亡者会有一定的帮助。这种处理骨灰的方式，我们自己一般做不了，需要专门的人来做。

我觉得，汉地居士还是选择前面用大悲咒和不动佛心咒加持的方法比较好。这种方法比较容易，当地寺庙的任何一个普通僧人，或是我们自己以及学佛的师兄都能做到，又可以帮助到亡者。不动佛心咒可以从网上下载打印，在火化之前，分别放在死者的心口和额头这两个位置，然后一起火化；或者在火化后，把咒放在骨灰上一起安葬，很简单。

观　现在有的寺院可以安放骨灰，如果把骨灰放在那里，对亡者是否有好处？还是说跟放在普通灵堂的作用一样？

慈　从寺庙的角度讲，那么多人的骨灰放在里面，对寺庙不是很好。但从亡者的角度讲，寺庙每一次早课、晚课、佛事活动的时候，给他们做一定的回向，对亡者是有利的，总比把骨灰放在其他地方好。但如果寺庙只是收费，而没有做回向、超度等佛事活动的话，那放在寺庙可能也没有太大的实际意义。不过，寺庙里一般应该会做的。

2

观　堪布，您好！每年清明时，家里人会为去世的长辈扫墓、祭拜。请问堪布，亡人真的知道亲人来看他们了吗？

慈　这是一个传统风俗。不管亡人能否看到，这是我们晚辈对祖先的恭敬，是可以去做的。那他们真的能看到吗？看不到，因为他们已经投生了。在死亡后的七七四十九天里，亡者有可能看得到；但他们投生之后是看不到这些的，佛经里也有这样的记载。比如我们的上一世都是五十年前、四十年前、二十年前去世的，而现在我们都在这里，那我们能看到有人到我们上一世的墓前去送东西、扫墓吗？我们看不到。同样地，我们的祖先也看不到。但这不是能不能看到的问题，而是表达对祖先的尊敬，所以照样可以去做。

观　祭拜时，我们是否可以带一些他们生前喜欢的烟、酒、肉什么的？我们烧的纸钱、纸房子，还有“汽车”“冰箱”等，他们能得到吗？

慈　据佛经记载，释迦牟尼佛住世时，印度的一个富豪死了，很多人来送他，并且准备了特别多的食物和东西。佛陀的弟子就问释迦牟尼佛，这些东西亡者真的能够得到吗？佛陀说亡者是得不到的，但这些亡者的亲人能得到心理的安慰，这个可以理解，也可以这样做。

不过，有一种专门给亡者布施食物的仪式和禅修的观想，如果有这种仪式的话，那亡者是可以得到这些东西的。如果没有仪式、观想，以及禅定的力量，那亡者就不一定能得到。尤其是已经去世很久的人，因为早就投胎了，所以拿食物去，他也用不上。

观　谢谢堪布！按照佛教的看法，我们祭拜的时候，用什么方法可以帮助到他们？

慈　传统上扫墓该做的都可以做，在这个基础上可以加一些佛教的仪式。比如在扫墓的当天，除了扫墓之外还可以念一些佛号、佛经，比如阿弥陀佛名号，或《三十五佛忏悔文》《普贤行愿品》之类的佛经。总之，在扫墓的同时帮他做一些善事，这对他一定是有帮助的。

观　感恩堪布！

3

观　堪布，您好！有人说墓地阴气很重，有晦气，身上要戴一些红绳，防止把一些脏东西带回家里。请问，我们要到墓地时，需要做哪些保护性的措施？谢谢堪布！

慈　身上戴一些红绳，这可能是民间的说法。我们可以尊重这种风俗，但光靠一根红绳，可能没有什么效果。如果觉得墓地有什么东西，或是回家时有什么东西跟着自己，这是心理作用，实际上不会有什么东西跟着你。不过，有一点保护措施至少会有安全感，所以我们身上可以佩戴一些般若佛经和小的佛像，还有就是密法里面的金刚结。

身上也可以什么都不带，去墓地的时候就念观音心咒"嗡嘛呢巴美吽"，还有莲花生大师的心咒等，这样就可以了，这些是最好的保护措施。

4

观　堪布，您好！家里老人去世后，我总觉得他没走，还会回来找我，心里有点害怕。请问您，刚去世的亲人是不是真的会回来，一直跟着他放心不下的亲人？谢谢堪布！

慈　这种感觉可能是自己的心理作用，实际上我们不一定能够感觉得到。但人刚去世的那几天，他们是会在我们的周边，不过我们不需要害怕，因为他们不会对我们造成任何伤害。他们中的有些人甚至还不知道自己已经死了，所以会过来跟我们打招呼；他们会看到我们对他们做的一些事情，哭泣、悲伤……看到这些，他们也会放不下，但是这些对我们不会有任何伤害。

最重要的是，我们要为他们做一些善事。每个人死亡后都有过渡的时间，一般情况下是七七四十九天，但有些人会短一点，有些人则是几个月，甚至几年。过了这段时间他就会去投生，投生之后，人就彻底走了，再也不会存在于这个空间。即使在，对我们也不会有什么伤害。

我们不要认为人死了就会变成鬼。大家都觉得鬼特别恐怖，如果鬼就在自己的身边，怎么能不害怕？不要这么想。人死了以后不是成为鬼，而是在投生前的七七四十九天以中阴身的状态存在。虽然我们看不见中阴身，但他还是属于人的形式，所以他还是人。后半期他就会逐渐变成下一世的形态：如果他下一世还是投生为人，那在这个过程中他一直都是人；如果将投生成其他众生，那他就慢慢开始变成其他众生的形状。但这些都不是鬼，所以无须害怕。

5

观　堪布，您好！老人去世很长时间了，但有一段时间我经常能梦到他。我想问，他是不是真的需要我帮助，而我能不能真的帮到他？

慈 人去世后的一两年，家人经常梦见他，可能每个人都遇到过这种情况，家人去世后的一两年会比较频繁地梦到，时间长了就不那么频繁了。这可能也不是他需要什么，或者他透露了什么信息。

梦见他是不是因为他需要帮助呢？这个不好说，可能不是。但是无论如何，能帮助他的善事你都应该尽力去做。

6

观 堪布，您好！我现在还没有开始学佛，但知道死亡随时都会来临，像我这样还不了解佛教的人，面临死亡时能做些什么？

慈 首先，我觉得无论是否有信仰，我们都应该高度重视死亡这个生命现象，一定要把它当一回事，这个很重要。如果自欺欺人的话，也许会错过一些比较好的机会。因为我们每个人一定会有这么一天，所以一定要重视，这是第一；第二，除了重视以外，还要以客观、公正的态度去探索、研究。

你现在还没有学佛，因此不能用佛教的方法来要求你。你首先可以做的就是重视死亡，其次就是去探索、研究，去了解死亡，这两方面都非常重要。了解了之后，你或许会改变现在的想法，会觉得要去做一些准备。但面对死亡的这些方法，即使在全球一流的大学里也学不到。如果你真的要做准备，那就只能回到佛教里去找答案。

当然，其他宗教也有面对的方法，但多数的人，无论对佛教有没有信仰，骨子里至少对中国几千年的传统文化有亲切感，所以这个时候可能会主动到儒释道中去寻找答案，并且可能会比较倾向于佛教。因为佛教里关于死亡和投生都讲得非常透彻，而道教和儒教对此则解释得不多。佛教里面有很多方法，进入佛门之后就知道应该怎么做了。目前我只能这样回答。

观 **谢谢堪布！**

主 **感谢堪布为我们就死亡方面的疑惑做了解释。我记得堪布曾经在微博上写过这么一句话，“人们说日落，其实并不是日落，而是地平线的上升；人们说死亡，其实也不是结束，而是下次旅行的开始”。**

面对死亡，以前我们因无知而恐惧，现在我们因了解而勇敢。让我们真正地了解死亡，勇敢地面对死亡，不去忌讳它，不谈“死”色变，以这种心态去迎接一定会发生的这个事实。

感谢慈诚罗珠堪布参加我们的《慧灯·问道》，感谢观众朋友们，下期再见！

明明是为他好，竟然是杀生

——《慧灯·问道》“初识生死篇”第 3 期

主 大家好，欢迎收看《慧灯·问道》！

上期节目，我们就死亡的话题与慈诚罗珠堪布进行了交流。这期节目，我们将继续这一话题。让我们用掌声欢迎慈诚罗珠堪布！

堪布，现在很多人都很痛苦：有些人因为得了绝症；有些人则深陷抑郁症等心理疾病的困扰；还有些人对社会和生活深感失望……由于种种原因，他们产生了极度消极的态度，甚至可能会产生轻生的念头，想把所有的痛苦在一刹那解决掉。

通过您的开示，我们明白了其实死亡不仅是今生的结束，也是一个新生命的开始。那么，这些亲手结束自己生命的人，是不是真的能够摆脱痛苦，迎来一个新的、美好的人生呢？对于这些人来说，亲手结束自己生命的这种方法是否正确？

慈 有一部分人认为，死亡等于一切的结束，如果结束了自己的生命，所有痛苦就到此为止了。但从佛教的观点来看，肯定不是这样。实际上痛苦不仅没有结束，反而又增加了新的麻烦。佛教认为，杀害他人会有全部的杀人罪过；自杀也有一半的杀人罪过，因为自己也是人。

主 **那他会有一个美好的新生命或者开始新的旅程吗？**

慈 新的生命一定会开始，新的旅程也会开始，但是美不美好就很难说了。尤其是这一生用自己的双手结束自己生命的人，因为有一半的杀人罪过，所以很难讲下一段人生能否美好。

主 **他的痛苦会结束吗？**

慈 他这一生的痛苦是结束了，但他在开始新旅程的同时也开始了新的痛苦，而且这个痛苦会更加严重。本来他上一世只是因为生活上的一些琐事烦恼，或者有一些心结打不开等，这些都不是大问题。此外，抑郁症患者因为自身的心理问题，会把很小的事情看得非常严重。但现在亲手结束了自己的生命后，问题就真的严重了，我不是要夸大什么东西，实实在在就是有一半的杀人的罪过。

佛教认为，在所有的罪过中杀生是最严重的，而杀人则是所有杀生罪过中最严重的。如果一个人有一半的杀人罪过，那他开始下一世的生命旅程时，这个罪过可能会成熟，由于受到了这一世的影响，那么他的生命可能会更加糟糕。

主 **痛苦不一定会减少，反而有可能会增加？**

慈 是。认为自杀能够结束痛苦、解决所有的问题，这个想法是不对的，因为没有看到这个事情的背后有更严重的后果。

主 另外一个问题，在慧灯之光的网站和微信公众号上，有一些朋友提出，当亲人得了疾病或陷入深度昏迷时，很多人会选择将他送到医院去，切开喉管，使用呼吸机等仪器维持基本生命体征。但另一些朋友说，看到自己的亲人如此痛苦地躺在那儿，可能会偷偷地撤掉呼吸机、拔掉管子，撤掉维持他有限生命的这些仪器。这种做法算不算杀人呢?

慈 算！这种做法就是杀人，而且是故意杀人。

主 可他的初衷是觉得亲人躺在那儿太痛苦了。

慈 对，他的动机是善意的，但他的行为是真正的杀人，这与安乐死是一个道理。也许他的亲人确实觉得特别痛苦，所以他提前结束了亲人的生命。从佛教的角度讲，虽然这些都是善意的，没有任何恶意，但就是属于杀人，是有罪过的。

当亲人在重症监护室里用机器来呼吸，死也死不了、活也活不成的时候，他确实是很痛苦的。比如苹果公司的乔布斯在传记里写道，他在生命的最后时刻只能靠机器来呼吸，耳边只听见这些机器的声音，身边没有人，特别痛苦。但即使是这样，我们也要知道，生命中离不开生老病死，这是必须要面对的，任何人都无法逃避。

当亲人到了这个地步，你拔掉他的呼吸管，以为结束了他的痛苦，但实际上也不一定真的能结束。而且，这从道德和佛教的因果上也是不可以的。任何一个生命，只要他有能力存活，就要允许他活下来，我们没有权力结束他的生命——无论是出于好意还是其他动机，都不可以结束他的生命。

主 **哪怕是源于爱！**

慈 对，也不可以。这种爱虽然可以理解，但方法不对，这可能是某些错误观念所导致的。此外，因为重症监护室的费用很高，一天两天，一个月两个月，经济上也会出现很大的问题。可是不管怎样，如果他真的有能力活下去，就要让他活下去，只能这样。

不过，有些时候虽然表面上看起来还有呼吸，机器也可以让他的心脏跳动，但其实人已经脑死亡了，医学上可以确定他已经走了，那就没有必要再维持了。只有这个时候是可以的，除此之外，只要他的生命还在，只要他还有一口气，任何人无论出于什么样的动机——即便是出于慈悲心，也不可以结束他的生命。唯一能做的，就是让他活下去，自然地走。

主 **我们要尊重他存在的事实。**

慈 对，我们对一个生命最大的尊重就是让他活下去。因为人的生命本来就是这样，我们不可能让一个人一辈子都活得特别开心、幸福和快乐，所以痛苦是免不了的。这和他自己的身体、前世的因缘，以及这一世的所作所为有关系。那我们的责任是什么呢？就是要让他活下去。

主 **我以前拍戏的时候演过一个癌症患者，为此我曾经去肿瘤医院体验过生活。我看到一些人在检查出绝症的时候，便和他的家人选择了放弃治疗，选择让生命慢慢地在病痛当中消逝。您觉得这种观点对吗？**

慈 在这种情况下，他可能有两种选择：一是进行放疗、化疗等一系列非常痛苦的治疗；另外一种，他觉得既然所剩的生命这么短暂，就不太愿意在这仅有的时间里面对痛苦的治疗，希望能在比较祥和、宁静的状态中度过最后的时光。虽然这是他自己的选择，但只要有一点希望，我们还是要劝他去治疗，不要这么消极。

不过，如果他有一个比较放松的心态，而且能在一个比较宁静的环境中度过，说不定这样对他更有价值。虽然病情很严重，但人的心态在这个时候也很关键。如果他没有被吓倒，而是更勇敢地面对，并且积极地调整自己的心理状态，那么可能对他也有一些帮助。

我们经常看到，有些人最后还是选择了放弃治疗这条路，这虽然是他们自己的选择，但我个人觉得，只要有一点希望，作为家人还是要劝他去治疗。这个跟拔掉呼吸管是不一样的。

主 **好，谢谢堪布！**

观 堪布，您好！我一个朋友说他体验过灵魂出窍，当时他在睡梦中觉得灵魂在房间里飘，感觉自己很轻，还能穿墙，后来因为害怕就回来了。我想问：如果他当时没回来，是不是就死亡了？

慈 在一些特殊的情况下，人的神识是可以离开身体的。这种情况很早以前就有，佛教中也有相关的记载。现在西方还有专门的机构去研究这种现象，这确实是存在的，在全世界范围内都出现过。西方一些比较固执的科学家起初根本不相信，也无法接受，但是在临床医学上确实发生了很多这方面的案例，最后很多科学家也不得不接受了。

有一本书，英文名字叫作 *Life After Life*，就是《生命之后的生命》。这本书的作者是一位非常了不起的博士、科学家，他在临床上发现了这样的事，但因为自己身为科学家，所以一直都不敢对外公布。后来陆陆续续地，有许多地方都在临床上发现了类似的事，这位科学家才愿意将这些事情公之于众。很早就有这本书的繁体版本，现在也有了简体版本，你们可以去阅读一下。

在特殊的情况下，我们的神识偶尔会从身体中脱离出去，然后可以看到自己的身体躺在那里。这种情况并非当事人的一面之词，有很多证据都可以证明，这段时间神识确实是出去了。如果神识从身体中脱离后永远都不再回来，那这个人的呼吸就会永久地停止，这就是死亡。神识脱离身体与死亡的区别就是，它是临时的、暂时的脱离，因为身体的心跳和呼吸还在，所以它会回来。

但有些时候，虽然人的心跳和呼吸全部都停止了，医学上完全可以断定这个人已经死了，但是他又活了过来，而且还可以清清楚楚地说出，在医生认为他已死去的这段时间里，医生与护士之间的对话。特别有趣的是，有一个盲人，他从来没有见过抢救他的仪器是什么样的，但当他出现这种神识脱离的现象时，他突然间就看见了。从医学上讲，在这段时间里，他的瞳孔扩散、血液循环停止，完全可以宣布他已经死亡，可是他的的确确又活了过来。不仅如此，而且还听见了他“死亡”的那段时间里医生和护士的全部对话，甚至为他做抢救的仪器是什么颜色、什么形状，这些他都可以清清楚楚地描述出来。书里也非常详细地记录了他的这段经历。

《西藏度亡经》这类的书早就讲过，感官有残疾的人，当神识在肉体里时他是看不见、听不到的；但是当神识从身体里脱离出来后，感官上的所有障碍就会消失。因为这个时候，他是用另外一个感官来看世界，而不是用之前的肉体，所以他能够看得见、听得到。这本书里也记录过这样的案例。

一般情况下，我们没办法推翻这种说法，因为这是真实存在的。我也遇到过好几个人，也专门采访、调查、研究过这到底是怎么回事。结论是这种现象确实存在，它是一种特殊的生命现象。在突发性的事件中，比如车祸或者突发性心脏病，以及在抢救时，当事人的神识就比较容易脱离身体。这在佛经里也讲过，无论是藏传佛教还是汉传佛教，都有相关记载，所以这是真实存在的。

可以这么说，神识就是所谓的灵魂。出去一下再回来，就叫作灵魂出窍；出去了不再回来的，就叫作死亡。

观 如果我们想体验一下，请问有什么方法吗？

慈 想体验一下灵魂出窍？

密法里有一个修法叫作“梦瑜伽”，就是晚上做梦的时候，借助梦的力量，让人的神识从身体里走出去。我们的灵魂、意识不能独立存在，它永远都需要一个载体。现在我们用肉体伴随它，这是它的载体；在梦里，我们也能感觉到有一个身体的存在，这个身体在佛教里就叫作“意身”。从现实生活的角度来讲，意身不是真实的肉体，而是意识所创造出来的一个身体，但是它在意识的空间里完全可以起到身体的作用。所以，人可以借助梦里的身体去体验一下灵魂出窍。

如果你真的想体验，那就去修梦瑜伽。密法里有梦瑜伽的修法，这些资料也有一部分是用汉语写的。因为是密法，所以需要先灌顶，然后再系统地学习。在这个过程当中不要出任何差错，不然回不来的话，麻烦就大了！（众笑）这需要次第地修行，然后再去体验，一定可以的。

主 感谢堪布为我们做的详细解释，感谢观众朋友们收看《慧灯·问道》，下期节目我们再见。

我爱你，我要为你做好这件事

——《慧灯·问道》“初识生死篇”第4期

主　大家好！欢迎收看《慧灯·问道》。

上一期节目，我们就“如何面对死亡”的话题与慈诚罗珠堪布进行了交流，这一期我们将继续探讨这个话题。让我们用掌声欢迎慈诚罗珠堪布！

1

观　堪布，您好！我经历过亲人病逝的过程。当时虽然有医疗上的帮助，但他还是很痛苦、很恐惧。我虽然不是佛教徒，家人也不信佛，但还是想请教堪布：在佛教中，有没有什么方法能够帮助那些临终的病人，减轻他们的痛苦和恐惧？谢谢。

慈　在藏传佛教的密法里，这方面的方法确实非常多，现在西方的一些临终关怀也开始使用密法里的一些方法。不过，如果临终者一辈子都是一个无神论者、唯物论者，那么在生死关头，他能不能转变思想去接受这些？如果能够接受，那这些方法就能消除他的恐惧，帮助他以正常的心态去面对临终时的种种痛苦。但是有些老人非常固执，不愿意接受任何宗教方面的劝导和仪式。如果临终者自己不接受，那效果可能就没有预想的那么好。无论如何，临终时唯一能够帮助到临终者的，就是宗教方面的方法。这时候科学、哲学及很多世俗方面的东西，都会显得特别苍白无力，帮不上忙。

对临终者进行心灵疏导，这方面讲得最透彻的应该是佛教，尤其是佛教里的密法。临终者信不信都没关系，这个时候，根据对方的承受能力，跟他讲一讲这方面的内容，然后为他制造一个比较祥和的环境，比如放一些佛教音乐或者大悲咒等非常有加持力的咒语，这些可以起到放松的作用，对他会有一些帮助，能消除一些恐惧。总之，要尽量为他创造一个轻松、祥和的环境和气氛。

最关键的问题就是，如果这些疏导方法他不接受的话，其他人是没有办法替他做的，因为这个一定要他自己跟着疏导去做，而且是死亡后他自己要做的事情。如果他自己不愿意，从源头上拒绝了，那就没有什么办法了。这个问题暂时还无法解决，但我们总会有办法的。

主 **可能还是取决于临终者自己的态度。**

慈 这是最关键的。如果他能接受，哪怕是一点点，那方法就有很多；如果他排斥或拒绝，那就没有任何办法能帮助他了。就像一个患者要治病，那么他就要接受医生的处方，把药吞下去，或接受其他治疗；如果他不配合，医生给他开了很多药，他不肯吃，那就没有办法治疗。这都是一样的道理。

主 堪布，您与国外的临终关怀机构有过一些交流，相较于国外，目前国内临终关怀的发展现状是什么样的？

慈 临终关怀在国外其实也只有四五十年的历史，不是很长。西方宗教机构的一些慈善团体做了很多事情，现在发展得还是比较不错的。国内相对来说起步稍微晚一点，只有 20 多年。目前国内很多医院也开始做这项工作了，这方面的机构也比以前多了，但我不是很了解具体情况。

2016 年，我在美国加利福尼亚州的一个临终关怀机构里与普通工作人员和负责人进行过交流。这个机构的服务对象是生命只剩下六个月的人，其中有一部分是年轻人，但多数是老年人。这些老年人最大的痛苦来自三个方面：其一，有些人曾经做过一些不太好的事情，比如对家人、朋友、同事，或者对社会做过有愧于心的事，当生命走向终点的时候，他会把这些事情全部放大、夸大，感觉特别内疚、痛苦，经常因此备受困扰。其二，虽然有很多人信仰基督教，但还是有一些人，包括科学家、哲学家等，他们过去健康的时候可能不会去想死后的事情，认为死亡等于一切都结束了。然而，当真正走到这个地步的时候，过去的理论会从根本上发生动摇，他们开始怀疑“到底是不是这样”，可是由于之前没有做任何准备，他们此时会感到很痛苦、迷茫，纠结自己死后到底会走向什么样的地方。其三，还有一部分人，他们特别担忧治病会给家人带来经济上及其他方面的困难，担心自己现在死也死不了的状态会拖累家人。

这三种情况在临终关怀机构里比较普遍，所以工作人员就想出一些办法去做疏导，其中一部分确实比较实用，效果也不错，比如让他们去禅修、打坐。尽管西方信仰佛教的人很少，但大部分人都有信仰。不过，有没有信仰都没关系，作为一种调整心灵的方法，打坐、禅修的确可以缓解他们内心的顾虑。另外一个办法，就是安排各种各样的宗教仪式，让有信仰的人去参与，这对老年人也特别有帮助。比如通过祷告，让他们在心理上得到一定的安慰。此外，让他们写下自己这一生的经历，尤其是好的一面，这对心理有问题的人也比较有效。很多心理医生也经常用这个方法：让大家写经历，尤其是回忆一些美好的经历，再让他们想一想自己健康的时候，或者一生中最幸福的那段时间，比如旅行或者是刚刚成家立业的时候。总之，刻意让他们去忆念自己觉得最幸福的时刻，就像我们佛教徒打坐观修一样，这样的观想对他们也很有帮助。

主 **其实就是调整他们焦虑的心态。**

慈 对。这些工作人员也用了一些密法里的临终关怀方法，比如《西藏度亡经》里的方法，还是很有效的。

对于什么都不信的人，这些方法可能就用不上了。但工作人员会根据他们的喜好，为他们创造更好的环境，让他们想怎样就怎样，想要什么就给什么，尽量不拒绝他们。在没有其他办法的情况下，就用这样的方法。国外临终关怀的情况基本是这样，我只去过一个地方，其他地方可能也差不多，但也许还有其他方法。国内用了什么样的方法，我不是很清楚。

主 **黄泉路上无老少，在死亡面前，所有人都是平等的。国内临终关怀的发展还有很长的路要走，还有更多的方向让我们来探索。**

慈 对。在国内，每个人的血液里或多或少都有对传统文化的信仰或感情，先天就有一定的基础。所以，用一些传统的或者佛教的方法去开导临终的人，可能更容易被接受，对他们更有帮助。

2

观 **堪布，您好！我看过一些国内外关于濒死体验以及轮回的纪录片，也渐渐地相信人死之后灵魂并没有消失。如果这些真实存在的话，那亲人去世时和去世以后，我们应该为他们做些什么呢？**

慈 国外有一个关于轮回的大型纪录片，其中一个主要人物是弗吉尼亚大学的一位科学家，这个人的老师叫史蒂文森，史蒂文森和他的团队从 20 世纪 50 年代就开始着手研究人死之

后到底会是什么情况。除了南极洲以外，他们走遍了世界各地，并且在途经的各洲都发现了人死以后还存在的生命痕迹。所谓的痕迹，比如说一个小孩刚生下来没多久或者刚刚会说话时，就能讲出自己的前世是哪个国家的人等。这确实是一件非常有趣的事情。佛经里也记载过，在近三千年前，释迦牟尼佛在世的时候出现过很多这样的公案。

史蒂文森团队收集了2500多个非常有说服力的案例，他们从这些案例中选取了最有说服力、最有科学依据的2000个案例输到电脑里，分析它们有没有相同的地方、有没有自然的规律。现在对这方面的研究特别有意义。不光他们，我也遇到过好几个这样的小孩，这种情况其实不奇怪，全世界都有。这就说明人死以后其实并没有结束，仍然还会回来。

但是，我刚才讲的这些目前在西方还不是主流的思想。因为基督教在西方的影响很深，基督教并不这么认为；而科学在这两方面又都没有足够的证据，所以到现在既不敢否定也不敢肯定，什么也不敢讲。史蒂文森先生2007年去世之前说，他最大的遗憾就是没有影响到主流科学，科学界还没有接纳他的想法。由于种种原因，这种观点要想成为主流思想，可能还需要一段时间。但无论现在是不是主流，它都是一个实实在在的事实，至少几千年来的人类历史上都有过记载，并非最近才被发现，这就说明人死后还存在一些事情。

虽然史蒂文森先生已过世，但是他的团队还在，团队成员都是非常严谨的科学家。我在2015年、2016年与该团队进行过交流，我问他们："你们在半个世纪里进行了这么多的研究，你们觉得到底有没有轮回？”他们回答说：“至少可以认为，人死后还有一些东西是存在的。”因为他们是科学家，考虑到自己的身份，所以不会直接说轮回存在，但是他们说的这句话透露了什么呢？人死了以后，除了人的意识、灵魂以外，还有什么能继续存在呢？不会有其他的什么了。所以，这是一个非常科学并且有证据支持的观点。以前国内很少看到这方面的书和纪录片，现在确实有一些了，这些书是一些科学家抱着非常严谨的学术态度去调查后写出来的，有一定的可信度。

那我们应该怎么做呢？从佛教的角度来讲，这提醒我们应该提升自己的生命。我们整天都这么忙碌，面对激烈的竞争和巨大的生活压力，辛辛苦苦一辈子，但在临终时什么都带不走，不管是名利、财富，还是其他有形、无形的东西。然而，有一些东西是我们可以带走的，但这往往不是我们平时追求的东西，而是我们平时不太在意的东西，比如提升自己生命的级别。什么叫作“提升生命的级别”？比如把自己一些不好的习气改掉，或者铲除自己的烦恼等。人的烦恼要从本质上铲除有点难，但可以把一些不太好的观点和想法逐渐减少。还有，去关怀、关爱所有的生命，从佛教的角度讲，就是增长自己的慈悲心。

就像一张被涂上了各种颜色的纸，我们把这张纸带到哪里，这些留在上面的颜色也就跟到哪里。同样地，我们尽量把内心当中一些不好的东西去掉，多灌输、串习一些好的东西，那么将来我们离开这个世界的时候，虽然身体会回归尘土，但意识会把已经接受的东西带到下一次的生命轮回中，这就是一个非常大的心灵资源。

我们平时常说天赋，虽然这有一部分和父母的基因有关系，但是同一对父母生下来的几个小孩，他们的性格也不完全一样，有的善良，有的不善良，这就是天赋。所谓的天赋，不是莫名其妙、无因无缘，而是长时间沉淀、积累下来的东西。如果一个人的一生积累下来的是好东西，那他下一世就会变成一个善良的、对人友好的人，这些东西是我们可以带走的。但遗憾的是，这些可以带走的东西，往往也是我们不太在意的；而那些我们特别在意的东西，却都是我们带不走的。

所以，我们现在应该尽量提升自己的心灵，说白了就是修行、打坐，把自己的心态塑造好，这样就可以带到下一世。

主 **其实生命是有质量的，它不光是物质的那个质量，它本身是有质量的。**

慈 对，是。

观 **谢谢堪布！那么，亲人在去世的时候和去世了以后，我们能做些什么呢？**

慈 一方面，不管亡者自己有没有信仰，他的亲人都可以帮他做一些善事，尤其是在他离世后四十九天的前期，第一个七天、第二个七天的时候。现在很多父母刚去世没几天，子女

就来争夺遗产，为到底归谁而吵架，甚至告到法庭上，这确实对亡者特别不好。说句不好听的话，要争的话也不要在这时候争，先缓一缓。因为这个时候，从表面上看，我们以为亡者走了，但实际上他可以看到我们做的这些事情，而我们却看不见他。尤其是第一个七天、第二个七天的时候，不要做这样的事。

另外，尽量替他做一些善事。如果是佛教家庭，诵经、持咒、供佛这些都可以做；如果不是佛教家庭，那么可以去做一些慈善方面的活动。反正只要是好事，什么都可以做，肯定对他有一定的帮助。其他方面，比如超度，佛教里面这些方法是比较多的，但是要看家人愿不愿意去做这些佛事。

观 **感谢堪布。**

主 **谢谢，感谢慈诚罗珠堪布的到来，同时感谢堪布细致的解答，也感谢大家的积极参与，我们下一期节目再见！**

投胎是个技术活儿

——《慧灯·问道》“初识生死篇”第 5 期

主 大家好，欢迎收看《慧灯·问道》！

上一期我们就死亡的话题和堪布进行了交流，这一期节目我们将继续讨论这个话题，请大家用掌声欢迎慈诚罗珠堪布！大家可以踊跃发言。

1

观 堪布，您好！有的人一出生就是嘴里含着金钥匙的，非常富有；有的人却出生在贫困的家庭，于是很多人都开玩笑说，“投胎绝对是个技术活儿”！我在《西藏度亡经》里也看到过关于投生的相关记录，所以想请堪布开示，如果我想下一世投生得更好，这一世需要做什么样的准备？

慈 虽然他们是开玩笑的，但投生确实是一个技术活儿。实际上，并非一切都是命运注定的，没有那么被动。如果我们掌握了方法，有些东西是可以操作的。

你刚才也提到了《西藏度亡经》，这部经非常有名。20 世纪 20 年代的时候，一位西方的博士在西藏待了很长时间，打算带一本有价值的书回去，希望这本书对西方人也有一定的研究价值和应用价值。他找来找去，最后找到了《西藏度亡经》。

《西藏度亡经》被带到西方以后，于 1927 年被翻译成英文，著名的现代心理学家荣格为《西藏度亡经》写了序。荣格自称，他走到哪里，就把这本书带到哪里，自己很多心理学上令人兴奋的发现都归功于这本书。书里面讲了很多关于怎样面对死亡、怎样投生的内容。刚才讲到投胎是个技术活儿，那么需要掌握什么样的技术？这本书里面都讲得非常清楚。

我们可以这样理解：如果没有这些技术的话，那业力就会安排我们下一世投生到什么样的环境；如果掌握了这些技术、方法，那么业力是可以改变的，而且这个时候最容易改变。

有一个比喻：一根木头在陆地上的时候，把它拖走需要费很大的劲；但如果它浮在水面上的话，那轻轻松松就可以拖走、移动。同样地，精神跟肉体在一起的时候，受到了各方面的束缚、影响，如果要改变心态，可以用打坐之类的方法，不过会比较吃力；但在中阴身的时候，由于精神脱离了肉体，在这个过渡的时期，上升或者下堕都非常容易，所以这个时候我们必须要掌握好这些技术。这些方法无法用一句话解释清楚，需要去学习《西藏度亡经》。

《西藏度亡经》里有些比较关键的内容，比如面对死亡、投生的方法。在《慧灯之光》里面也有，而且表达方式比较通俗易懂，大家也可以阅读一下这本书。还有，《西藏度亡经》目前有两个汉文版本，一个是从藏文翻译成英文，然后再从英文翻译成汉文的早期版本；另外一个是索达吉堪布直接从藏文翻译成汉文的版本，目前就这两个版本。

这些技术在书里面都有，你去学习一下，对下一世投生会有一定的帮助，比如怎样选择投生的家庭，怎样选择未来的父母等。当然，也不是我们想投生到哪里就能投生到哪里，这与自己的业力有关；但与此同时，跟我们的技术也有一定的关系。

2

观 **堪布，您好！有的人在亲人离世之前，会梦到这个亲人来看自己，或者自己会有一种异样的感觉。我想问一下，人能不能预知到亲人的死亡？能不能预知到自己的死亡？**

慈 可以这么讲，有一部分人可以预知自己和他人的死亡，这部分人就是修行境界非常高的人。我们大多数人，对自己或者亲人的死亡是没有任何预知能力的。不过，一些普通人，在某些时候确实也有一些这样的感觉。比如在他的梦里或者在现实生活当中，他可以感觉到有一些事情透露了这方面的信息。这种情况确实存在，书里也有这样的记载，但这种人毕竟是少数。

观　如果我想拥有这种能够预知死亡的能力，有什么方法吗？这样可以提前买个保险什么的。

慈　方法是有的。买保险不需要这种预感，反正一定会有这一天的，所以能买保险就早一点买，不需要任何的犹豫。（众笑）

如果你有这个好奇心，想了解一下的话，那有没有办法呢？也有，但是要通过一系列的训练才可以。比如藏传佛教的密法里面有一些修行方法，通过这些方法，就可以预见到自己的未来，或者是还没有投生的、已故的人的去处。在藏传佛教的《中阴闻解脱经》，也就是我们刚才提到的《西藏度亡经》里面有相关的公案。还有一些其他的方法，但是这些可能不太容易做到，需要有一定的修行境界才可以。另外，佛教显宗的佛经里面也有一些方法，比如说修神通，这样也可以了知过去和预测未来。

3

观　马航 MH370 事件已经过去三年多了[1]，但是对乘客家属的影响还是非常大。有好多家属丢了工作，生活发生了很大变化；还有的家属坚信人还活着，一定会回来；有的家属想去寻找真相，辞了工作去做调查；也有很多家属患上了抑郁症、妄想症……能不能请您对他们说点什么，好让他们摆脱这些痛苦？谢谢堪布。

1　《慧灯·问道》（第二季）节目录制于 2017 年，此处保留原话。——编者注

慈 马航 MH370 事件确实是大家都非常关注的一个事情。人在极度伤心痛苦的时候，我想所有的劝导都显得非常苍白，说两句话有没有用也不好说。

但是我想，第一，事情已经到这样的地步了，大家要做的就是面对现实、接受现实，不能再拒绝。否则的话，给我们的打击、创伤只会越来越严重，不会减轻。这样的事情真实存在于生活中，只不过不能确定会不会轮到自己。在生老病死这个问题上，任何人都没有办法回避。所以要面对现实、接受现状，这是现在首要的事情。

第二，希望他们能够关心自己的心理健康，这是非常重要的事情。人已经走了，剩下的家人如果再出现精神不健康的问题，这对一个家庭的打击是非常严重的，无论是对家庭、孩子，还是对经济等各方面都有很大影响。如果这个时候再出问题，那么一个家庭是没有办法承受的，而且继续伤心实际上也起不了什么作用，所以这个时候应该尽量说服自己，关心自己的健康。马航 MH370 的乘客不管健在还是已经离世，他们肯定不愿意看到因为自己的原因，家庭的某一个成员出现精神不健康，最终导致一系列家庭问题——这是他们最不希望、最不愿意看到的。所以大家要关心自己的心理健康，要坚强，这个非常重要。

第三，如果他们当中有佛教家庭，那就有很多事情可以做了。不管这些乘客离世与否，尽量替他们做一些善事，无论什么善事都可以，这对他们一定会有帮助。如果他们的家庭不能完全接受佛教的理念，那也可以替他们做一些慈善活动或者是报答社会的行为等。总之就是帮助需要帮助的人，用佛教的话来讲叫作利益众生，这对他们一定有很大帮助。从佛教的观点来看，目前能做的或者说应该做的就是这个，这个非常重要。另外，为他们做一些善事，对他们的家属心理上也是一个安慰，该做的事情都做了，尽力了。无论这些家属有没有信仰，只要能够替亲人尽力做一些事情，他们一定会得到不同程度的安慰，这对他们的心理健康也会有帮助。

我想，我们能做的就是这些事情，人到了这个地步的时候确实很无奈，没有更好的办法。

4

观　我有一个问题：我的家人不信佛，而且也明确地表示过，在去世之后，不愿意用佛教的仪式来办理后事。那么这种情况下，如果他们去世了，我还要坚持为他们做这些佛教的仪式吗？比如助念这种类型的仪式。谢谢堪布。

慈　如果家人反对，像助念这种要请人到家里去念佛的方式，可能就不太合适了。因为没有按照亡人的意愿去做，其他的家人也可能会不太高兴。所以我想，如果是助念这种比较明显的活动，最好还是不做了。

但是，不管他们接受还是不接受，帮亡人做一些佛事是应该的。你可以到他们看不见的地方，比如寺庙里去做，这样就不会导致他们不开心。其实，无论你在家里或其他地方做，对亡者来说都一样有效果。

人离世以后，你就只能做这些事了，所以肯定要做。他之前是因为不了解，所以才会拒绝；如果他了解的话，肯定不会拒绝的。所以你还是要做，但是要在其他地方做，不要在家里做，我觉得这样比较合理。

主 **好，那么今天我们先到这里。感谢堪布为我们做了详细的解释，感谢观众朋友们收看《慧灯·问道》，下期节目我们再见！**

第伍章

超越生死篇

揭开死亡的神秘面纱

死亡时到底会发生什么

——《慧灯·问道》“超越生死篇”第 1 期

主 各位观众朋友，大家好！欢迎大家收看《慧灯·问道》，这期节目我们探讨的话题是“死亡”。

死亡是每个人都要经历的一种生命现象，不同的人对此有不同的态度。普通人面对死亡时会觉得恐惧、忧伤、哀愁，但对于修行人来说，死亡却是需要一生修行的功课。如果之前做好了充分的准备，知道如何面对死亡，那么当死亡来临的时候就不会措手不及，而且能够勇敢地面对。今天我们请到了慈诚罗珠堪布，就死亡的话题为大家答疑解惑。

堪布曾经讲过，死亡是一种特殊的、周期性的生命现象。对于修行人来说，面对死亡是一门修行功课，那么他们都是以什么样的态度来面对死亡的呢？死亡对于修行人又有什么样的意义？

慈 有些修行人是修大乘佛教显宗的，有些是修密宗的，不同修法会有不同的面对方式。在藏传佛教里，显宗的修法主要以菩提心为主，比如《修心七要》里就介绍了五种方法，也叫作“五力”，即用五种力量来面对死亡，这是非常具体的方法。而密法中则有很多面对死亡的方法，大圆满里的《中阴闻解脱经》，也被称为《西藏度亡经》，整本书详细地讲解了人死亡之后所经历的过程，以及应该怎样面对这些过程。修行境界比较高的密法修行人认为，死亡是一个非常好的提升觉悟的机会。因为无论是修显宗还是修密宗，最终的目标都是明心见性、证悟。

我们在打坐、修禅的时候，会受到各种各样的干扰，包括内在的杂念以及外在的所见所闻，这些都会影响打坐。所以打坐时的“静”只是相对的静，实际上这种安静并没有达到很深的程度。而人死亡的时候，眼耳鼻舌身都停止工作了，意识也随即停止，此时唯一剩下的就是佛性。至少在一段时间当中，佛性非常明显。每个人都会经历这个阶段，但是没有经过训练的人一般感觉不到，而修行人则能够立刻抓住这个时机，此时他明心见性的清晰度会非常高、非常清楚。因为这个时候没有任何内外的干扰，而佛性，即心的本性，是非常清晰的，所以如果能在这个时候抓住机会证悟，那这个证悟、修行的力度是相当强的。因此对密法修行人来说，死亡是提升修行境界的一个机会。

主 **死亡对密法修行人可能是一个机会，但实际上修行人有很多层次，是否都可以把死亡当成一个机会，还是不同层次的修行人对于死亡的感受和看法会有不同？**

慈 藏传佛教中，任何一个教派的密法里都有一部分是专门讲如何面对死亡的。对此学习、训练得比较好的人，就可以利用死亡来提升自己的觉悟；但如果这部分学得不好，即使他学了密法、灌了顶，恐怕也不一定用得上。在密法里，如何面对死亡是一个单独的、比较特殊的训练。

主 **刚才您提到了密法的修行人，那还有很多显宗的修行人，死亡对他们意味着什么？是否也是一个解脱的机会？**

慈 也是一个解脱的机会，但是显宗里基本没有提到这一部分，也没有一个专门面对死亡的训练方法，主要就是依靠修菩提心，在临终的时候做好面对死亡、投生的准备。当然也会有一些具体的方法，比如我刚才讲的“五力”等，不过没有密法讲得多，密法里有很多面对死亡的具体方法，在显宗里都没有提到，但显宗也有它自己的面对方法。

主 **是否可以理解为，只要修行了，至少对死亡的恐惧会减少一些？**

慈 是。不管修什么法，只要你修得好、做得好，都可以消除对死亡的恐惧。像念佛的净土法门，尽管它是佛教所有的法门中一个比较简单的法门，但念佛念得特别好的人，他们对死亡也不会有任何恐惧。

主 **谢谢您！其实说到死亡，通常很多人都以为死亡发生于一瞬间，然后生命就结束了，不再有后续。但听了您刚才的介绍，**

实际上死亡是一个过程，当中发生了很多事情。所以我想请您给大家讲一讲，死亡会经历什么样的阶段、出现什么样的现象、发生什么样的事情。

慈 其实死亡跟睡眠的过程完全一样，唯一的区别就是两者的深度不同。我们每天的睡眠都会经历这样三个阶段：第一个阶段是深度睡眠；第二个阶段是从深度睡眠中出来，开始做梦；第三个阶段是从梦里醒来回到现实生活中。

在这三个阶段中，除了做梦这一部分以外，深度的睡眠是什么样，几乎没有人知道。人怎样从头脑非常清醒、眼睛能够看得见、耳朵能够听得到的现实生活中，进入看不见、听不见的状态，这当中存在一个过程，但我们一般人察觉不到。另外，从深度睡眠中出来开始做梦，这当中也有一个过程，对于这个过程，我们也不知道到底发生了什么。从梦里醒来回到现实中，这中间也存在一个过程。这三个过程一般人都不太了解。

当人死亡的时候，他首先会进入昏迷的状态。在这个状态中，他会停留几个小时或者是一两天。从这个状态出来之后，就进入佛教讲的中阴身阶段，一般是七七四十九天。中阴身结束以后，他便会去投生。死亡的这三个阶段与睡眠的三个阶段是一样的：死亡的昏迷跟深度睡眠是一样的；从昏迷状态中出来进入中阴身阶段，与从深度睡眠中出来做梦是一样的；从中阴身再投生，与我们从梦中醒来回到现实生活也是一样的。

对于做梦，通常我们只知道有深度睡眠、做梦、醒来这三个阶段，但是人在这个过程中是怎么进去、怎么切换的，我们却一无所知。不过，藏传佛教的密法发现了这个秘密，原来死亡与睡眠这两者的原理是相同的。所以我们可以通过深度睡眠、做梦、再醒来这三个阶段模拟死亡的过程，训练自己面对死亡。如果我们在这三个阶段训练好了，那么当面对死亡的三个阶段时也是一样的。

藏传佛教中有一种修法叫“梦瑜伽”，就是利用梦来修行的一种训练方式。它的目标是通过模拟死亡的过程来训练自己，这样在真正面对死亡时，因为已经准备充分，所以这些方法都能用得上，最终在经历死亡时就能非常顺利。

在梦中或死亡的时候，有一些过程我们是看不见的，但是经过训练之后，就可以放大这个过程，就像用高速摄像机拍下来的画面一样。比如说，平时我们瞬间就进入了深度睡眠，感觉不到进入的过程，但是把这部分放大以后，我们就能知道其中发生了什么事情，有没有什么可以操作的办法。

死亡的时候有一个最重要的瞬间，此时所有的意识活动，包括阿赖耶识都停止了。如同所有的乌云被风吹散以后，剩下的就是蓝天；当眼耳鼻舌身、意识及阿赖耶识全部停止以后，在这个短暂的瞬间，心真正的本来面目就自然出现了。（这在一部分深度睡眠里也有，但是清晰度没有死亡时那么高。）

主 **每个人都会有？**

慈 对。一些修行比较好的人，因为在死亡之前就有准备和训练，所以他立即就可以进入这个本来的面目当中。这样他不但可以明心见性，而且可以把这个过程的时间延长，从中获得解脱，这就是“中阴解脱”。因此，对于真正的修行人和训练有素的人来说，中阴其实是一个非常好的解脱机会，但对普通人而言，如果跟他说死亡是一个机会，他可能不太能理解。

主 **您刚才说到了“昏迷”，这是指从医学角度认定人已经死亡之后发生的事情吗?**

慈 对。到目前为止，国际医学界对死亡还没有一个特别准确的标准。以前，瞳孔扩散、血液循环停止、呼吸停止，这些是医学和法律上对死亡所下的标准定义，后来哈佛医学院提出了脑细胞的死亡，目前这些都被认为是死亡的标准。可是，有些人在出现这些状态之后，又重新活了过来，因此大家也知道这些判断的标准并不是百分之百准确。

当死亡发生时，所有人都会经历一个同样的过程，就是进入昏迷的状态。人昏迷的时候，从表面上看，死亡的标准都具备了：瞳孔放大、心脏停止跳动、血液停止循环等。而有些人在这个时候头脑还是非常清醒，这在医学上无法解释。

我也遇到过一个这样的人。她不是修行人，只是一位普通的家庭妇女，她就有过一次这样的特殊经历：医生已经宣布她死亡了，但她仍然能觉察到周围发生的事情——能感觉到有人把门推开、走进来，别人的对话也听得清清楚楚……活过来以后，她问医生为什么会这样，医生也无法回答。对于生命最深奥的地方，目前医学、心理学都还不能清楚地解释。

主 **还在研究当中。**

慈 可以这样讲。

主 **前面讲的是昏迷期，那么昏迷期之后又会遇到什么呢？**

慈 有些人的昏迷期只有几个小时，有些人则是一两天，有没有更长的时间还不知道，这也许跟每个人的气脉明点有关。我们每个人的身体结构，看得见的部分基本上都一样；但一些内在的、比较隐性的人体结构，被称为“气脉明点”，这个是因人而异的。也许是这个原因，导致有些人的昏迷期是一两个小时，有些人则更长。

不管怎样，昏迷期结束后他就会出来，就像深度睡眠后开始做梦一样，这时他可以感受到周围的一切。因为死亡刚刚发生，很多人那时并不知道自己已经离世，以为自己还活着，于是就会去找家里的人，与亲人打招呼、说话，但是都无人理睬。中阴身的心识比较聪明，也有一些先天的神通，当其他人没有反应的时候，他就会开始怀疑：为什么这些人都不理我？这是什么原因呢？难道我死了？然后他就会到沙滩或是雪地上用脚踩踩看，发现自己没有脚印；到湖边、水井边、镜子前去照，却看不见自己的样貌；在月光、灯光下，也没有看见身体的影子……这时他就开始怀疑自己已经死了。在尚未发现自己死亡的这段时间里，一切都非常平静、正常，就跟我们现在一样，不会有中阴的恐怖现象。但是，当他发现自己死了以后，周围的一切就会开始发生变化……

主 **是不是只要发现自己死了，周围就会突然开始变化，然后会发现一些平时没有见过的现象？**

慈 对，发现以后，他就开始恐惧。八九十年前，山西有个农民的死亡经历跟《西藏度亡经》里说的一模一样，当年这件事曾轰动一时，附近的人都知道。我相信这个人绝不可能看过《西藏度亡经》，因为那时这本书还没有被翻译成英文，即使已经翻译了，作为一个八九十年前的普通农民，他也看不懂。那时也没有中文版，但他描述的情况与《西藏度亡经》中所写的完全一致。

主 **您刚才说，中阴就相当于做梦的阶段；那梦醒以后，也就是中阴过后，又是什么阶段呢？**

慈 中阴身一般是七七四十九天，但有些人在因缘成熟的条件下会提前投生；而有些人因为找不到一个合适的投生地方，会在两三年中一直处于中阴阶段。多数人都是四十九天，这个时候如果找到了投生的地方，就会投胎。

投胎之后，就像我们从梦里醒过来了一样，但投胎的过程很多人都不太清楚。佛教的《大宝积经》里有一会是《佛说入胎藏会》，专门讲人是怎样投胎的，以及怀胎九个月的过程。

一般人投胎的时候，并不是想要去投生，而是感觉到下雨了，要找一个躲雨的地方，或者是刮风了，要找一个避风的地方……一般人都是这样投生的。有些投生情况不是很好的人，会发现有很多人追杀他，或是有些猛兽追赶他，于是想找个地方躲避，结果就这样投生了。

投生之后，在怀胎九个月的时间里，有些人根本就没有感觉到什么，等有感觉时都已经出生了；而有些人在怀胎的时候，还是会有一些感受。每个人的情况不太一样。

主 **这么说来，每个人投胎真的不是自己选择的。**

慈 可以这么讲：没有经过训练的人，投胎都不是自己选择的，只能跟着自己过去的业力走；而接受过中阴修法训练的人，就可以自主选择。因为他知道自己已经在中阴身了，所以就不会因为下雨、刮风而去投生。这个时候，如果他想下一世做个有智慧的人，他知道应该怎么样去投生；如果想做个慈悲心比较强的人，他也知道应该怎么样去投生。这些方法他都清清楚楚，所以他有这样的选择权。一般人是无从选择的，因为根本就不知道发生了什么事情。

主 **我们就是那种被业力所牵、没有修行的人。有修行的人其实是有备而来，他已经选择好自己下辈子要成为一个什么样的人，并且知道应该怎么样去投生。**

慈 是，这些方法都有，在《西藏度亡经》里面讲得非常清楚。一些比较关键的部分，在《慧灯之光》里面也有介绍，大家可以去看《如何面对死亡》《如何面对投生》这两个章节。

主 **好的，非常感谢慈诚罗珠堪布对本期问题的精彩解答，同时也感谢各位观众朋友的热情参与！本期节目到这里就结束了，我们下期节目再见！**

解密虹光身

——《慧灯·问道》“超越生死篇”第 2 期

主 **各位观众朋友，大家好！欢迎收看这一期的《慧灯·问道》节目。在上一期节目里，慈诚罗珠堪布为我们解答了很多关于“如何面对死亡”的问题。这期节目，我们接着请堪布为我们答疑解惑。**

堪布，您之前讲过，在死亡的过程中有一个短暂的瞬间，有些修行人可以利用它接触到自心本来的面目，这个短暂的瞬间是出现在昏迷期吗?

慈 对，是昏迷期。一般情况下，首先是眼耳鼻舌身停止工作，然后人就昏迷了，昏迷之后就会进入这个“有机会接触自心本来面目”的阶段。对普通人来说，这个阶段就像闪电一样转瞬即逝，根本感觉不到发生了什么；但有修行的人立刻就能意识到。另外，如果我们现在打坐时，能够在五分钟之内没有任何杂念，达到一种非常平静的禅定状态，那么在中阴身的时候，本来面目出现的时间基本上也是五分钟。

主 **与自己生前的修行境界有关系?**

慈 是的，所以现在的修行非常重要、非常关键。

主 **现在就要开始为死亡做准备了。**

慈 是，作为一个佛教徒，确实要这样。

主 **您刚刚讲了“见到自心本来面目”这个阶段，那么见到了之后，是马上又昏过去，还是直接就进入中阴身的阶段了?**

慈 普通人见到了也和没有见到一样，因为他根本就察觉不到发生了什么事情，马上就进入到中阴身阶段。修行人则不同，他在这个过程中有可能证悟、成佛，所以中阴以及之后的事情都不会发生，这叫作中阴解脱。

主 **如果没有把握住这个机会的话，那可能昏迷后又投生了，是这样吗?**

慈 没有训练的人，如果没能把握住这个机会，那么过了这个阶段就开始进入中阴身了。

主 **每个人的昏迷期时长也是不一样的吗？这是什么原因造成的呢?**

慈 我想，这也许跟人体的构造有些关系，比如人的气脉明点等可能会对此有影响。我没有看到佛经里的相关解释，所以不是很清楚，但能够确定的是，这一定与他生前修习禅定的力量有关系。

主 谢谢您！现场的观众朋友们，听了堪布对于死亡各阶段的介绍后，有没有什么问题？大家可以提问。

观 堪布，您好！您提到人死后从昏迷中醒来就进入了中阴身，这个时候是否就是亡人的神识离开身体的时候？

慈 应该可以这么讲。有些修行人，尤其是大圆满、大手印修得非常好的人，他死后的一两个星期当中，身体可以很端正地打坐并一直保持这种姿势，脸色及其他方面和活着的人一模一样。一两个星期之后，藏传佛教会有专门的仪式让他从禅定中出来，离开这个身体。完成这个仪式后，他的脸色立即就会出现变化，身体也不再保持打坐的姿势，整个人会完全变成尸体。从这个现象来看，修行人在还没有进入中阴阶段前，可以说他的意识还没有离开肉体，还在肉体当中。

普通人这个时候就是昏迷阶段，那么此时他的神识在哪里呢？应该还在他的身体里，真正离开是他从昏迷状态中出来之后。就像我们提到的灵魂出窍一样，他可以看见自己的身体，这就证明神识已经离开身体了。所以我认为，人离世以后，当他从昏迷中出来、进入中阴身阶段时，他的神识就应该离开身体了。

观　感谢堪布！请问如何判断人的神识是否已经离开了身体？

慈　判断普通人的神识是否离开，我想是比较难的，几乎没有什么方法。因为这时即使有意识，也不是我们现在这个粗大的意识。此时只有阿赖耶识存在，而阿赖耶识是一个非常细微的意识，它无法对我们的身体产生作用，比如心脏跳动或血液循环等，所以很难判断这么细微的东西是否存在。

只有修行人，因为他的修行可以使身体一直保持端正的姿势，所以我们能够判断他的意识还在。如果是普通人的话，我想可能很难判断。

观　感谢堪布！现在地方上有一些风俗，在人死后几个小时之内就将遗体火化了，如果亡人的神识还没有离开的话，那他会不会堕入到三恶道中呢？

慈　亡人不一定堕恶趣，但是按佛教的要求，至少三天之内不能处理身体。实际上三天过后，人的神识也不一定就离开了，但是一般三天之内，身体是不能处理的。现在城市里因为很多客观因素，能不能保留三天也是一个问题。如果可以的话，比较理想的做法就是放置三天，然后再处理。

主 **谢谢堪布！如果没办法放这么长的时间，在处理后事的时候有可能会打扰到他，那他会有疼痛之类的感觉吗？**

慈 对于修行人来说，如果他听过大圆满、大手印这样一些高深的法，平时也比较用功修行的话，那么在他死亡后，我们不要急着去给他做超度，而是把门关起来，如果可能的话，最好关一个星期。对于在医院死亡的人，可能很难做到这一点；但如果是在家里死去的，而且各方面条件都具备的话，那就把门关上，不要把他死亡的消息传出去，不要让任何人知道，让他安静地修行，这比为他做任何超度都好。

对没有什么修行的人，如果两三个小时之内处理了他的身体，也不一定会干扰到他。因为他本来就没有打坐、禅修，所以还谈不上干扰。但是，如果他的神识还在身体里面就去处理身体的话，对他就会有一定的影响。另外，如果时间太短，佛教认为会有一些过失。虽然我们不是故意的，不会有全部的杀生罪过，但是这样也不是很好，最好还是等一等。有条件的话，三天以后再处理比较好，一两个小时之内就处理，确实太急了，不太好。

主 **对于有修行的人来说，死亡后的这段时间不打扰他，就好像给他创造了一个特殊的闭关时间，让他可以安静地利用这个机会去修行，是这样吗？**

慈 是的，对于一个真正的修行人来说，死后一个星期左右的时间确实是非常宝贵的。藏传佛教里面有一些修行人，比如生前大圆满修得比较好的人，如果这段时间不去动他的身体、不去打扰他的话，那么他的身体完全可以缩小，缩到很小很小。为什么会这样？这是因为禅定的力量，把他的肉体像融化一样地转化了。那为什么死亡以后才能缩小，而死亡之前不可以？因为死亡以后的这段时间，他真正地感受到了自己的本来面目，而且此时没有任何干扰，禅定的力量比活着的时候还要强。所以，这段时间对他来说特别宝贵。

在藏区，修行比较好的上师圆寂之后，在一个星期左右的时间里，一般都有人把他的门关上，不透露任何消息出去，以便他自己修行。至于后事，是一两个星期以后才开始做的。但是对普通人来说，就不能这样处理。没有修行的人，越快为他超度越好。不过，修行是一个内在的东西，从表面上看，我们很难判断一个人是不是真正的修行人、他有没有觉悟。

主 **您刚才提到，修行人死后身体缩小的现象，这是他用禅定的力量转化了外在物质的身体，对吗？**

慈 对。我们看得见的这个肉体，还有隐形的、看不见的气脉明点，这些都是存在的。身体跟意识是两个不一样的东西，当它们在一起的时候，相互都会有一些影响。比如我们的身体生病了，意识也会因此受到一定的影响；反之，通过意识也可以改变我们的身体。

过去，所有脑神经领域的科学家都认为，人在25岁以后大脑就成熟定型了，到死为止都不可能再改变。然而，二十多年前有人通过研究发现，人或者动物的大脑在发育成熟之后还可以改变、重塑。例如，弹钢琴的人手指经常在动，他大脑里控制手指活动的部分，在他学钢琴的前后会有一些变化。此后他们又做了另一项研究：手指根本不动，只是在心里想象手指在弹钢琴，就像佛教的观想那样。一段时间以后，他们发现这样的观想同样可以使大脑发生变化。也就是说，意识可以塑造大脑、改变大脑的一些结构。

过去很多脑神经科学家认为，大脑就像汽车的发动机一样，时间长了以后会产生热量，而意识就好比是这个热量。但是后来他们改变了看法，他们也认为，其实意识同样可以控制大脑。这说明了什么呢？说明意识的观想、修行完全可以改变身体的一些结构。比如，在禅修达到四禅的时候，我们的眼耳鼻舌身都会有神通。它的原理是什么呢？以眼睛为例，通过禅定可以把眼球的某些结构改变，从此以后，我们的眼睛就像显微镜一样，之前看不见的东西，现在都可以看得清清楚楚。耳朵、鼻子等也是同样的道理。

尤其是在人死亡时，这种明心见性的强大力量是可以改变人体的。所以修行比较好的人，这个时候他的身体会缩小。非常成功的情况下，除了指甲和头发这两个没有知觉的东西以外，其他全部都可以融化、转化。转化是什么意思呢？就是把肉体转化成佛的身体。

主 如何理解您说的“佛的身体”？

慈　佛的身体是另外一种身体。

主　**是以另外一种形式存在的吗?**

慈　对，修行好的人就会这样。全部虹光的人非常罕见，而肉体缩小的现象则非常普遍。不过原理都一样，就是明心见性的力量。

主　**特别感谢您为我们介绍这些情况！之前确实有很多人会疑惑：为什么藏传佛教的一些高僧去世了之后肉体会缩小，甚至是虹光？大家都不太了解为什么会出现这种神秘的现象。今天听您讲解之后就明白了，其实还是因为修行的力量，才能达到这么高的境界。**

慈　对，可以这样理解。比如说物质，佛教认为宇宙间的一切都可以叫作物质，我们的精神也是一种物质。物质和精神不完全是两个东西，它们的本质都一样，只不过形式不同而已。就像温度达到零下的时候，液体可以变成固体；而到 100 度以上的时候，就可以变成气体；然后这个气体又可以变成液体，这个液体还可以再变成固体……这样不断地循环。所以佛教认为，如果掌握了一些方法的话，这些都是可以改变的。

佛教讲三身：化身、报身和法身。比如我们平时念的阿弥陀佛及佛教的一些本尊就叫作报身。虽然他们的身体也是物质，但是这种物质跟我们普通人的肉体不一样。还有佛教讲的三界六道，三界包括我们现在所处的这个欲界，还有色界和无色界。色界和无色界的众生，虽然他们的身体也是物质，但根本就不是我们现在所认为的这种物质。

后来科学家也发现，物质的种类真的太多了。今天我们肉眼能够看到的所有物质，统统加起来也只占物质总数的4%多一点，其余的物质都是我们看不见的东西，比如暗物质、暗能量等。所以佛教里面早就讲过，物质不仅仅是我们看到的、听到的这些，它还有很多其他的存在形式。像阿弥陀佛、金刚萨埵，他们的身体就是另外一种物质。而通过大圆满的修行方法，就可以将我们现在这种物质的身体转化为另外一种物质：以禅定的力量使现在这个身体慢慢缩小、消失，之后就产生了另外一种物质的身体，这叫作“虹光身”，但我们的眼睛看不到这种物质。

我们能够看到的光，在光谱上也就这么一点点而已。很多其他的光，比如红外线以下的光，我们看不见；紫外线以上的光，我们也看不见。但这些都是物质，都是存在的。所以通过大圆满等修行方法，就可以把这个身体变成另外一种物质，即虹光身。这有什么样的实际意义呢？原来的身体有生老病死，而这种虹光身的物质则没有，所以佛经里称之为“童子身”。

主 如何理解“童子身”？

慈 童子身是指永远都可以保持这个身体，比如八岁童子之身，没有衰老、死亡，不会满脸皱纹、头发花白、牙齿脱落……

主 **听起来修行的结果还是非常美妙的。**

慈 是的。

主 **好的，非常感谢慈诚罗珠堪布的精彩解答，也感谢各位观众朋友的热情参与，本期节目就先到这里了，我们下期节目再见！**

不能忘却的中阴窍诀

——《慧灯·问道》“超越生死篇”第 3 期

主 各位观众朋友，大家好！欢迎收看这一期的《慧灯·问道》节目。在上一期的节目里，我们请慈诚罗珠堪布为我们解答了很多面对死亡的问题，在这一期节目中，我们接着请堪布为我们答疑解惑。掌声有请慈诚罗珠堪布！

1

观 堪布，您好！听说在中阴身时会遇到很多恐怖的景象，您能给我们描述一下吗？好让我们有个准备。

慈 对，在中阴身的时候会遇到一些恐怖的景象，有些孩子在五六岁的时候也会出现类似现象，但 10 岁以后会慢慢消失。我想在座的观众中，有些人可能也有这样的经历。比如整个世界都变成了红色，像火一样红；然后又变成了白色，这些颜色都不是美妙可爱的，而是会让人感到非常恐惧；再然后整个世界又变成了黑色……这样的经历很多人都曾经有过，这些都是中阴身时会遇到的景象。因为小孩刚离开中阴身不久，所以在他身上就会出现很多奇特的现象。有些小孩子，如果每天晚上都爱闹爱哭，那可能就是因为他在经历一些类似的事情。

为什么会有这种情况？比如说，为什么整个世界都变成了这种让人感到很恐惧的白色？这是因为我们贪嗔痴里面的嗔在起作用，这种现象是内在嗔恨的一个投影。而红色是我们每个人都有的贪心的投影，黑色则是无明（也就是痴）的投影。这些实际上都是自己内在所投射出来的现象，但我们一直认为这是外面的一个世界。

我们感觉自己来到了一个天地都是红色、白色或黑色的世界，在这个从来没有到过的地方，难免会感到恐惧。但是，如果此时我们知道这些都是自心投射出来的现象，实际上并不真实存在，并且在打坐中思维“我的心到底是什么样子”，经过这么一打坐，所有这些现象最后都会消失，一切又都恢复平静，变成一个非常祥和的世界。在这个过程中，我们就感觉到了“本来的面目”。

还有，这个时候可能还会听到很多恐怖的声音，比如人的声音，猛兽的声音，或者是像地震、海啸这类的声音。这些声音实际上也是来自内心的投射，但是因为我们没有这方面的知识，也没有训练过，所以就认为这些都是真实存在的声音，然后感到无比恐惧，想跑到一个可以躲藏的地方，就这样不断地挣扎、逃跑。此外，如果有些人生前造过一些罪，像杀盗淫妄等，那么这种人在中阴身时，也会遇到一些比较糟糕的状态，例如环境险恶、周围有各种各样恐怖的众生等。

这些现象的产生，绝大多数是因为此时人的意识离开了身体。我们的身体有一个好处，就是当它跟意识结合以后能把意识稳住，不让意识发射出各种各样的信息，因此也就不会有太多稀奇古怪的东西投射出来。而意识离开身体以后，比如我们做梦的时候，梦里的世界就不像现实生活这么稳定，它一会儿是这个景象，一会儿又是那个景象，现实生活中不可能出现的各种东西都会被投射出来。中阴身的时候也是这样，各种现象层出不穷，非常不确定。当这些现象出现时，我们不知道这是自己内心的变化和投射，所以就觉得无比恐怖。

因此，中阴的诀窍可以归纳为一句话：这个时候看到的所有东西，都是自己内心投射出来的；而且，此时还要知道自己的内心是什么。若是有一点开悟、证悟的人，这时候就很容易解决问题。如果以为这些外境真实存在，就会产生巨大的恐惧；如果知道这些现象并不真实存在，一切如同梦境一般，都是自己内心的投射，那么这些现象瞬间就会消失无踪。此时如果我们能打坐，就完全可以成功地进入佛性、明心见性，这就叫作中阴身的诀窍，也是这个阶段唯一的诀窍。

如果没有这个诀窍，也缺乏相关训练的话，我们根本就不知道这些现象是怎么回事。由于从来没有看到过、听到过，只是感觉非常恐怖，以至于祈祷等这些平时的训练统统都会忘记，或者是来不及做，一直都在恐怖中挣扎。

观　请问很多从来没有接触过藏传佛教的人，他们死亡时出现的中阴景象，也跟藏传佛教中描述的一样吗？

慈　对人来讲，出现的景象都是一样的。对动物是不是一样，我不是很确定，也许是一样的。总体而言，因为人的身体结构都一样，所以每个人的死亡过程、眼耳鼻舌身停止运作的过程都一样。在这个停止的过程中，产生的一些现象也应该是一样的，这个跟是否学藏传佛教没有什么关系。唯一的不同之处，就是学了密法以后，到时候我们就知道这些现象是怎么回事，不学的话就没办法知道。

我们活着的时候，有一个专门的训练方法，就是藏传佛教《西藏度亡经》里介绍的"六中阴"。它包含六种不同的方法，其中一个是梦瑜伽，就是通过训练梦来模拟死亡；另外一个则是中阴的训练方法。我们现在虽然还没有到这个时候，但可以通过一些方法在现实生活中模拟、训练，因为这些东西之间有一些共性。这些训练非常重要。

主　刚才听堪布讲解了中阴的诀窍，特别珍贵！相信对大家都很有用。可能就是这么一个诀窍，当我们真的进入中阴时，就能起到很大的作用。非常感谢！

慈　密法里面一些观想本尊的修法，其实都是针对死亡时的昏迷、中阴身和投生这三个阶段。举一个简单的例子，几乎所有无上密宗的禅定过程，都包含以下三个阶段：第一个阶段，在皈依和发菩提心以后，先修空性，进入到空性的状态中。第二个阶段，在空性的状态中观想佛、本尊。观想的时候，也不是直接观想一尊佛，而是先观想一个佛菩萨的种子字，比如说文殊菩萨的种子字“དྷཱིཿ”（德），还有观世音菩萨的种子字“ཧྲཱིཿ”（舍）等。先不要观想菩萨的身体，只观想这个种子字，然后这个种子字发光……本尊的修法大部分都是这样，有时候也会有一些不同，比如有的修法会把这个种子字变成一个很小的亮点；有的则是先在莲花上观想一个很小的亮点，然后再将这个亮点变成一个种子字，例如“དྷཱིཿ”（德）或“ཧྲཱིཿ”（舍）等。第三个阶段，将这个种子字变成一尊佛或菩萨的形象。观修完之后，佛、菩萨从边缘开始慢慢地化光，逐渐成为一个很小的亮点，最后在空中消失。

本尊的修法基本上都是这几个程序。这是在讲什么呢？因为人死亡后首先会昏迷，所以先修空性是针对死亡后的昏迷阶段。在昏迷阶段修空性与本尊修法中首先进入空性是一个道理，通过修空性可以把死亡后的昏迷阶段变得清净，让它变成空性的智慧。空性就是法身，通过这个方法，可以把死亡的昏迷状态转化为佛的法身。

第二阶段的观想种子字，或者是先观想一个明点，然后变成种子字，这又代表了什么呢？这是针对中阴身到投胎之间的阶段。因为在生命的最初，精卵结合的时候，我们只是一个明点这样的东西，那时候还没有头、手、脚等，所以观想一个明点，然后再观想明点变成一个种子字，以这种方法把中阴身转化为佛的报身。

最后，观想种子字变成一尊佛、菩萨或本尊的形象，这是针对投生以后的阶段。就像十月怀胎之后，胚胎就会变成一个人；通过观想种子字变成佛、菩萨或本尊，就可以把投生以后的阶段转化为佛的化身。

通过上述本尊的修法，就可以将死亡后的昏迷、中阴和投生阶段转化为佛的法身、报身、化身。修完以后，再从佛菩萨的边缘开始化光，直至完全融入空性当中。意思就是说，人最后又要从头开始。就像一个人投生以后，他活到了70岁、80岁、100岁……最终死后又要进入昏迷的状态，再次从头开始。所以本尊修法的最后，也要观想佛菩萨的形象融入虚空当中。

这些修法都是针对这三个阶段，通过这样的方法去转化。密法里面有很多修法都是这样。

主 **我试着重复下您刚才的意思：在昏迷的阶段，有可能成就佛的法身。**

慈 对。

主 **在中阴阶段有可能成就佛的报身。**

慈 对。

主 **投生以后有可能成就的是佛的化身。**

慈　对。这三个阶段就包含了一个人死亡后昏迷、中阴和投生的过程。通过上述方法可以把它转化为佛的三身，这就是修本尊的目的。

2

观　堪布，您好！有一种说法，中阴时冤亲债主会幻化成佛菩萨的形象，骗亡者堕入三恶道，这是真的吗？

慈　这是有可能的，冤亲债主或一些其他的魔障，这时会有一些类似的干扰。但是这个时候，我们可以把整个中阴时所看到、听到的一切，都观想为自己的本尊。如果没有特别的本尊，就把他们观想为观世音菩萨。无论看到的是什么，如果我们都能把他们当作观世音菩萨来祈祷的话，那么这些冤亲债主或其他魔障就不会影响到我们。这是中阴时可以采用的一个方法。

观　那我们该怎样去分辨，哪些才是真正的佛菩萨呢？

慈　我们平时也可能会遇到这种现象。比如在修行的过程中，我们看见了阿弥陀佛或者其他佛菩萨，这真的是阿弥陀佛还是魔障的幻化？当下我们是分不清楚的，需要观察后续的结果。如果自从看到这位所谓的佛菩萨以后，自己的菩提心以及各方面的修行都出现下滑，那么当时看到的就不是什么好的东西；反之，如果自己的菩提心、出离心等各方面都有进步和增长，那就可以确定之前看到的是本尊或者是一个祥兆。

当下做判断比较难，但是我们可以这样去应对：不管是佛、菩萨还是魔障，都没关系，无论他是什么，我们都可以把他观想为本尊，比如说观想为观世音菩萨，然后祈祷。这样对我们只有好处，没有坏处，也不会影响到自己的修行。

3

观 堪布，您好！都说人死了以后，可以通过他身体最后冷却的位置或柔软程度，来判断人到底往生到哪里了。这个说法有依据吗？

慈 这个说法有依据。小乘佛教的《俱舍论》里讲，有些人的体温最后会集中在头顶；有些人则是在脚底下；还有些人是在身体的其他部位。通过这些情况，可以大致判断这个人下一世的投生去向，是人还是天人等，这是有依据的。

观 刚才您讲，有的人死了以后，他的神识并不是立刻就能离开身体，可能有一段时间还是和身体在一起。如果神识长时间没有离开，还能用这种测试温度的方法去判断吗？

慈 体温消失的时候，就是他的神识即将要离开的时候。比如，如果他的体温最后集中在头顶的话，意思就是他的神识要从头顶出去。但是当这个体温从头顶消失的时候，神识是否已经出去了呢？我想可能还不是。因为体温很快就会消失，它不可能保持很长的时间，但是人的神识可能不会那么快就离开。我没有在佛经里看到过详细的记载，我猜可能还不是。

观　堪布您能解说一下，亡者身体最后冷却的部位，分别表示人投生到什么样的地方吗？

慈　如果他最后的体温全部集中在头顶，也就是说，其他部位的体温先消失，而头顶的体温最后消失的话，就说明这个人投生到了天界；如果最后的体温在脚底下，就是投生到了地狱；如果在心口的话，就是到人间……大概是这样。《俱舍论》里有这方面的讲解，我们现场可能有一些人也学过。

主　今天堪布给我们讲了很多死亡时的情况，以及面对死亡的诀窍和方法，这些非常重要，特别感谢堪布！

听了堪布的讲述，我有一个特别深刻的感受，就是修行一定要趁早，而且要落到实处。希望每个人在面对死亡的时候，都能够有把握，不恐惧，然后战胜它，把它变成一个真正的机会。再次感谢慈诚罗珠堪布！

生死关头的保护力——五力修法

——《慧灯·问道》“超越生死篇”第 4 期

主 **堪布，您好！上期节目中，您为我们讲解了中阴身的情况以及应对的窍诀等。如果我们现在就想开始修行，为死亡做准备，有哪些方法可以供我们选择呢？**

慈 方法其实有很多。比如《西藏度亡经》，从死亡的准备到如何面对死亡，以及死后要经历的不同阶段等，全部方法都在这本书里。除了梦瑜伽和中阴的训练方法外，还有一些是我们在活着的时候怎样修行、训练的方法，讲得非常清楚。

面对死亡的修法与其他修法大体一样。首先是修出离心和菩提心，最后是证悟。但是，如果这一世我们没有证悟，这些好方法几乎用不上，只能选择一些比较普通的方法。比如中阴时，我们知道自己要投胎了，于是祈祷观音菩萨等，这就是比较普通的方法。一些高大上的方法必须在证悟以后才用得上，证悟以后就真的很好办了。所以，为死亡做准备也好，为成佛做准备也罢，现在我们唯一要做的就是证悟！汉传佛教禅宗讲的明心见性，或者藏传佛教讲的证悟大圆满，实际上都是一个意思，就是要在这个方面下功夫。

证悟之前要做一些前期工作，一是要有出离心，二是要有菩提心。出离心、菩提心、证悟空性的智慧，是宗喀巴大师《三主要道论》里讲的三个部分，这些非常重要。有了这些以后，在此基础上稍微加入一些针对中阴身的特殊训练，这样就可以了。

主 **您提到《三主要道论》中的出离心、菩提心和证悟空性，是不是平时就要修，在死亡时也可以帮助自己？**

慈 在此基础上，还要稍微加入一些中阴时的特殊修法，比如梦瑜伽，还有中阴修法。

六中阴是指有六种中阴。虽然都叫作中阴，但真正死亡后的中阴只有一个。中阴有广义和狭义之分：狭义的中阴，是指人死之后到投生之前的过渡期；广义的中阴，是指一个人从开始轮回到最后成佛之间的整个阶段。这些全部都包含在六中阴当中了。

在六中阴修法中，有一部分讲的是这一世的修法，包括四加行和五加行、证悟空性，还有禅定，这些修法非常好。所以我们先把四加行、五加行修完，然后用一两年的时间修中阴身的禅定修法，让心基本静下来，再去体会所谓的精神世界或者佛性到底是什么样。因为这时候内心比较平静，所以比较容易看到心的本性、容易开悟。开悟后再修一点中阴身的特殊修法，这样死亡来临时就可以帮助到自己了。开悟后，最根本的问题就解决了，一切都好办。

主 **关于死亡这个话题，尤其是大家平时要通过怎样的修行来面对死亡，其实我也做了一些功课，学习了您之前讲过的一些跟死亡相关的课程和教言。其中您提到了几种修法，有一种修法叫“五力”，这个平时可以修，在中阴的时候就可以帮助到自己。您能给大家简单地讲一讲，这五力分别是什么吗？**

慈 五力就是五种力量。不仅是临终时和中阴期，在任何时候这五种力量都是可以用的。

第一是善种力。人行善时犹如播下一粒种子，这就叫作善种力。当发现生命走到尽头、所剩时间不多的时候，把自己的房子、车子以及其他的财产，除去应该留给子女的一部分外，大部分用于做善事。做什么善事都可以，比如供佛或者是捐给慈善机构等。播下一些善的种子很重要！人死了以后，虽然其他人可以替亡者将遗产拿去做善事，这当然非常有用，但毕竟没有自己亲手安排的效果好。所以在临终前，当这些财产还属于自己的时候，要先处理好这方面的事情，该怎么分配就怎么分配，积累一些福报。

第二是愿力，就是发愿。临终时不能慌慌张张的，必须要淡定，一定要用上所有的功夫。先要静下心来思考，然后发愿，任何善愿都可以。这里介绍几个主要的愿：愿我生生世世都能够拥有菩提心，能够遇到大乘佛教；愿我生生世世都能够遇到为我宣讲大乘佛教的善知识。这些都是大乘佛教非常重要的发愿，在此基础上自己可以再发其他的愿。

第三是破除力，就是破除我执。所谓“我执”，佛教里也叫“爱我执”。凡夫都特别爱自己，不爱其他人或者其他的生命。任何时候都是把自己的事当作头等大事，这是我们根深蒂固的观念。但很多时候，这其实是阻碍我们成功、阻碍我们走向解脱的主要因素。把这个念头破除，就需要破除力。

破除的方法，就是在临终的时候这么想：我很快就要进入临终的昏迷阶段了，在这个阶段会有一个非常难得的机会。当自己遇到这样的机会时，一定要抓住这个机会，一定要认识到心的本性、明心见性，一定要把我执破除掉！

正因为有了我执，所以从无始以来到现在，自己才会成千上万次地流转生死。每次死亡的时候，自己都是两手空空地离开这个世界，一生付出最后却没有任何收获。这是什么原因呢？主要原因就是我执。因为一辈子都在为“我”做这些世俗的事情，所以现在一无所获。如果没有我执，一生都在为别人着想、为他人付出，那今天就不会两手空空地离开。所以从今以后，再也不允许我执这样生生世世伤害我，一定要把它破掉！这个决心非常重要，这叫作破除力。

第四是引发力。人的内心有一个功能，也就是我们现在经常讲的生物钟。假如明天一定要在凌晨三四点起床，然后睡觉之前反复地想、使劲地想，那第二天自己一定会在这个时间醒过来，这就叫作引发力。除此之外，还有很多时候引发力都可以起作用。

所以，面对死亡时我们要淡定，此时要这样去想：进入中阴时，我一定会看到、听到一些恐怖的景象和声音。到时候一定要知道，这些恐怖的景象、声音并不真实存在，它们根本不是什么外在的东西，而是自己内心所投射出来的现象。到时候一定要知道这一点，千万要记住！此外，在中阴的时候，我会到一个没有去过的世界，看到很多陌生人或很多猛兽。到时候我也不能害怕，一定要知道这些都跟做梦一样，一切都是自己内心的投射，就好像投影一样。只不过，因为自己内心有一些不好的种子、能量，所以看到的景象就会糟糕一点而已。还有，到时候我一定要把这些都观想成佛菩萨或者自己的上师，一定要做到！要反复地提醒自己记住这些，这叫作引发力。

第五是串习力。觉得自己快要离开这个世界的时候，最好的一个方法就是在修行的状态中离开。

人离世的时候有两种情况。有些人昏昏沉沉地走了，就像睡着了一样，在此之前也是神识不清。在这样的状态中离世，亡者没有太多明显的痛苦，所以很多人觉得这个走法是比较好的。

主 **善终啊！**

慈 对，但其实这是不好的。因为这时候他的神识不清楚，所以该观想的想不出来。

还有一种情况，就是疼痛比较严重，但头脑十分清醒，如果能在这种情况下走会更好。虽然那个时候他的身体痛苦不堪，但因为头脑非常清醒，所以该观想的、该提醒自己的，他都会想到，也来得及去做，并且一定会这么做。

还有一个比较重要的是，如果那个时候我们的上师或者道友在比较近的地方，我们可以邀请他们过来提醒自己。临终时的提醒是非常重要的！虽然我们下了一定的功夫，心态也比较淡定，但毕竟这是在生死关头，不像我们现在这么轻松，所以有人提醒一下会比较保险。如果上师和道友都不在附近或身边，那他们通过电话来提醒也会有帮助。

这些该做的准备都做完以后，就可以开始打坐修法。具体的修法大家可以看《西藏度亡经》。《慧灯之光》的书和视频里面也讲了一些比较通俗易懂的具体修法。能在修行的过程中往生是最好的，如果能在修菩提心或空性的禅定境界中往生，或者在修行破瓦法中专门针对临终的特殊修法中往生，都是非常好的。在修行的过程当中往生，就叫作串习力。

以上就是对五力的简单介绍。临终时不能手忙脚乱，要淡定，如果能在这五种力量的帮助下往生，一定会走得非常好！

主 **我总结一下您刚才说的：第一个是善种力，第二个是愿力，第三个是破除力，第四个是引发力，第五个是……**

慈 串习力。

主 **串习力！考试只有八十分。（众笑）大家平时要把这五种力落**

实到自己的行动当中，在真正面对这一天之前必须非常熟悉这五力，到时候才能用得上。要不然还得想：“哎，该哪一个力了？”这样肯定不行。

慈 对。临终的时候，一个人的起心动念和一举一动对他的往生影响非常大。平时的起心动念可能不会导致那么严重的后果，但是在临终之际，一个善的念头完全可以让他走得非常好；反之，一个恶的念头也会让他走得特别糟糕。所以，这个生死的关头确实非常重要、非常关键。

主 **您刚才讲的五力，它适合所有人还是某一种人？**

慈 适合所有的人，但内容不一样。如果我们还没有学到密法里的方法，就把这五力全部围绕着大乘佛教的菩提心来修，在修菩提心的过程中往生，这样也非常好；如果能修密法里专门的修法，那会更加殊胜。

主 **感谢慈诚罗珠堪布为我们答疑解惑，我们下期节目再见。**

“三想三不想”：临终时的思维禁忌

——《慧灯·问道》“超越生死篇”第 5 期

主 **堪布，您好！上期节目中，您为大家讲解了五力修法，我们都受益匪浅。您在之前的课程里还讲到了“三想三不想”，能不能给大家介绍一下“三想”是什么？“三不想”是什么？**

慈 “三想三不想”不是一个佛教的标准用词，佛教里不会这样讲，但是有这个意思。为了方便大家记住，我把它归纳为“三想”和“三不想”。

主 **特别好，特别容易记。**

慈 先说“三想”。临终的时候，首先需要想到菩提心。要想到：我从无始以来到今生，虽然经历了无数个生死轮回，但每一次都是一无所获、两手空空地离开，没有什么意义。正因为我没有菩提心，一切都是为了自己着想，才导致了今天这样的局面。所以，现在我一定要发菩提心，然后在菩提心的状态当中往生。这是第一，要想到菩提心。

第二，要想到佛菩萨。比如阿弥陀佛或者是观世音菩萨都可以，这个时候要观想和祈祷佛菩萨、本尊以及自己的上师。就像修破瓦法的时候，会把自己的意识观想为一个字，例如藏文的“ཨ”字，然后这个“ཨ”字融入佛菩萨或者上师的心间，最后佛菩萨或者上师就把自己带到西方极乐世界等地方。总之，临终的时候必须要想到佛菩萨、上师以及这些修法。

第三，如果是一个学密法的人，那就要知道：自己的身体本来与佛菩萨是一体的，只不过目前还没有认识到；如果认识到的话，那自己的身体本来就是佛的坛城。假如暂时还没有学密法，也没关系，知道自己有佛性就可以了。

以上这三个方面就叫作“三想”，下面介绍一下“三不想”。

第一，临终的时候，如果眷恋家人和财产的话，对自己的影响非常大，一定会走不好的。所以这个时候不能回头，要一心一意只想自己怎么走。不要留恋房子、积蓄等，这个时候这些已经毫无用处了；也不要留恋亲人、朋友等，自己走了以后，他们总会有办法活下去，不需要太多的担忧和挂碍。

自己要先走好。如果走得好，比如在中阴或者什么时候成就了，那将来就可以用更好的方式来帮助他们，还有的是机会。但现在留恋他们只会让自己走不好，没有其他意义，所以暂时不要去想他们。当然，这并不等于放弃了家人或者是放弃了众生，在这个生死关头只能先想自己怎么走，而不是家人、财产等世俗的事情，这就是第一个“不想”。

第二，平时我们对自己的罪过，不论是现世的还是前世的，都要把它当作一个非常严重的问题来对待，必须要有后悔、内疚、恐惧之心，这样我们才会去忏悔，也只有在这种情况下才能够彻底忏悔清净。但是在临终的时候，就不要再去想：我造了太多的罪业，我一定会堕地狱的，一定会怎样怎样……唯独这个时候不能这么想。此时一定要想：我没有造什么很严重的罪业，即便造了一些罪业，也已经忏悔清净了，现在应该没有太大的问题。这时候一定要往好的方面去想，不能想自己有太多罪过，不能内疚、恐慌，否则一定会走不好。

主 会影响走时的心态。

慈 是，这就是第二个“不想”。

第三个“不想”，就是不要对死亡有恐惧心。不要去想自己死了以后会不会怎么样，中阴身的时候会不会怎么样……都不要去想。一定要有自信，一定要想：我肯定会走得好的！我有这么多非常好的方法，一定会走得很好。那么多的人、那么多的众生，他们都没有这样的方法，而自己有这么多方法却还这么恐慌，那其他人怎么办？我已经掌握了这么多的方法，所以肯定没有问题！就是要这样，一切都要往好的方面想。

此时必须要有积极乐观的态度，悲观消极只会让自己走不好，没有任何的帮助。如果有让自己内疚的事，在这之前就要忏悔完毕，临终的时候就不要再去想这些了。这三个方面就叫作“三不想”。

主 **其实还是一个心态调节的问题。因为那个时候本身就有一点恐慌、害怕，虽然之前有准备，前世也经历过这些，但是毕竟想不起来了。所以心态的调节还是很重要的，最好不要去想那些让自己恐惧、挂碍的事情。**

慈 对。第一不要挂碍，第二不要恐惧，第三就是不要慌张。这个时候要淡定，要好好地走。要做到这些，需要下一点功夫，不然理论上虽然都知道，但实际操作可能还是不行。

主 **还是得平时下功夫才行。**

慈 是。其实从佛教的观点来看，生死问题确实是自己可以掌握的，但不是到大难临头的时候才去用功，而是现在就要做好准备。所有事情不都是这样吗？比如说，我们想找个好一点的工作，拿高一点的薪水，都需要先用二十年左右的时间学习——小学、中学、大学，要下这么多的功夫；同样地，想永久性地解决生老病死的问题，更需要下功夫。

主 **您刚才说的“三想”，除了最后一个需要有密宗的基础，其他都是可以通用的吧？**

慈 其他的都可以通用，第三个在显宗里面也可以用。比如有菩提心的话，那一切就会变得很好，不会那么糟糕。所以也可以这么想：我一定以菩提心来陪伴自己，这样就可以什么都不怕；即使死后会经历一些恐怖的事，但是也没问题，只要有菩提心就不会太糟。

所以，没有学过密法的人也可以用“三想三不想”，这些完全用得上，只不过内容稍微有点不同而已。

主 **明白了。现在也有很多修行人经常念阿弥陀佛，修净土法门往生西方极乐世界。显宗讲究一心不乱，藏传佛教是否有跟它不太一样的地方呢？也请您给大家讲一下。**

慈 藏传佛教里也有净土法门。像《佛说阿弥陀经》，还有《无量寿经》，这些在藏传、汉传（佛教）中都是一样的。藏传佛教里的念佛法门其实跟汉传佛教的净土法门一样简单，只要有一颗非常虔诚的心，就不需要其他太多的修法了。自己对阿弥陀佛有绝对的信心，然后用一颗非常虔诚的心去念佛，这样就足够了。这在藏传、汉传中都是一样的，一定能够往生西方极乐世界。

主 **主要还是信心，对阿弥陀佛的信心和对自己的信心。**

慈 对。不过，想要建立对阿弥陀佛百分之一百的信心和对自己的自信，可能还需要一些其他的条件，比如学习等。如果具备了最基本的条件，那么其他的都可以不考虑，藏传佛教里也是这样。

虽然往生西方极乐世界有四个条件，即四因，但四因当中最重要的就是这两个：一是对阿弥陀佛有坚定不移的信心，二是渴望往生西方极乐世界。如果有这两个条件，就可以往生了。

主 **对阿弥陀佛的信心和对西方极乐世界的向往之情。**

慈 是的。对年纪稍微大一点的人来说，如果学太多、修太多，可能有点难度，那么念佛就是一个最好的法门，也是一个非常了不起的法门。

主 **对那些到了年纪比较大的时候才开始修行的人来说，其实念佛就可以帮助他们在临终的时候解决生死大事了。**

慈 对。无论是什么民族的人，年纪稍微大一点的，我们平时都建议他们念佛。这个比较简单，而且也不需要学习太多的东西，只要心虔诚就可以。老年人的心相对来说比较容易静下来，建立信心等各方面也稍微容易一点，所以这个法门比较适合他们。

主 **如果一个人平时一直念佛，那么他在临终的时候，有没有什么特殊的方式或方法，还是像平时一样念佛就可以?**

慈 他念佛就可以了。我们刚才讲的“三想三不想”，念佛法门也可以用。不该想的三个，不要去想；该想的三个，比如想佛菩萨等，这时就可以观想阿弥陀佛。

主 那是不是只要修了念佛法门，就一定能往生西方极乐世界呢？

慈 肯定可以。但有两个前提条件，一个是对阿弥陀佛和往生西方极乐世界的信心，这起到了决定性的作用；另外一个就是对往生的渴望。只要有这两个条件，最重要的条件就具备了，就完全可以往生西方极乐世界。

主 明白了，谢谢您！现场的观众朋友们，如果有问题的话，现在可以提问了。

观 堪布，您好！如果修净土法门的话，我们需要学习哪些佛经？要修四加行和五加行吗？

慈 主要就是净土宗的一些经论，比如《无量寿经》。在藏传佛教里，净土法门的一个主要依据是《佛说阿弥陀经》。这部经基本上把往生西方极乐世界的四个因素都讲了，我们平时讲的往生四因也来自《佛说阿弥陀经》。把这部经学好就差不多了，因为净土法门本来就是一个很简单的法门，不需要太多的学习。

前面有观众问需不需要修四加行、五加行，如果有加行的基础是非常好的。尤其是菩提心，它属于藏传佛教五加行的一个修法，同时也是往生四因中的一个，如果有这个修法做基础，那就更加圆满、完善了。那么是否一定要修四加行、五加行？也不一定。不通过四加行、五加行的方法，直接修往生四因也是可以的。

主 **堪布，您刚才提到了往生四因，可能并不是所有人都特别了解，您能不能简单地给大家介绍一下都有哪四因？**

慈 往生四因就是往生西方极乐世界的四个条件：一是观想阿弥陀佛；二是积累资粮，在大乘佛教里积累资粮的方法有很多，但其中最简单、最有效的就是修七支供；三是发菩提心；四是做任何善事以后，回向并发愿往生西方极乐世界。就这四个，很简单的。

主 **好，谢谢您！观众朋友们，本期节目先到这里了，我们下期节目再见！**

突发情况下往生极乐的关键

——《慧灯·问道》"超越生死篇"第 6 期

主 观众朋友们，大家好！在上期节目中，慈诚罗珠堪布为我们讲解了临终时的一些注意事项。如果大家还有问题的话，可以提问了。

1

观 **堪布，您好！如果一个人不具备往生四因，甚至没有学过佛，临终时仅凭高僧大德的超度能往生西方极乐世界吗？**

慈 这个比较难，但也不是完全不可以。前提条件是他自己有这样的因缘，能够被他人超度。另外，如果能遇到一地以上的、境界非常高的菩萨来为他超度，在这种情况下是有可能往生的。

不过，这并不表示他自己什么都没做，无因无缘就被其他人超度。佛教是讲因果的，这种情况一般不太可能发生。如果有这样的情况，那说明他在此之前已经做了很多善事，因为机缘成熟了，所以最后的这一段路能够在别人的帮助下走完。这样也有可能，但主要还是靠自己。

2

观　堪布，您好！授记中说，只要是跟法王如意宝结缘的人，就能够往生西方极乐世界。那怎样才算是跟法王结上缘呢？

慈　比如法王如意宝在世的时候，在法王如意宝那里发愿念 100 万遍阿弥陀佛的佛号，然后修往生四因，这样就算结缘，就能够往生。我的理解大概是这个意思。

观　那我们现在跟随您学佛，按您所教的修四加行，这样算是跟法王结缘吗？

慈　算！修四加行、五加行，然后念阿弥陀佛，这些都算。比如我们修上师瑜伽的时候，直接观想法王如意宝，这样就算是结缘了，也能够得到加持。

观　感恩堪布！

主　这些是所有人都可以用到的修法。那么，有密宗修行境界的人

或者是有密法传承的人，在临终的时候会用什么方法帮助自己把握解脱的机会呢?

慈 如果他本身对密法里的破瓦法或者中阴的修法比较熟悉，那么在临终时还需要有人帮助和提醒他。另外，在他能听得见、还没有完全走的时候，要给他念《西藏度亡经》里的一些指导经文，提醒一下，对他来说很有帮助。

如果他本身比较熟悉破瓦的修法，那帮他念破瓦的仪轨就能起到提醒的作用，对他会有很大的帮助；如果他本身有藏传佛教密法里的中阴窍诀，之前也训练过，那在他临终的时候，最好把《中阴闻解脱经》，也就是《西藏度亡经》里一系列的指导念给他。比如，“你在中阴的时候会看见……”他一定能听得见，也一定会记住，这对他来说帮助特别大，可以起到一个很好的提醒、鼓励的作用。

但是，对于从来都没有听过、修过《西藏度亡经》的人，这个时候给他念这个就没有太大的帮助，因为他之前没有训练过。虽然可能有帮助，但是帮助不大。

主 **您提到了破瓦，其实很多人都听过破瓦的名字，但到底什么是破瓦？破瓦的原理是什么？为什么它能帮助我们走向解脱路？这些大家可能还不是很清楚，请您给大家介绍一下。**

慈 “破瓦”这两个字是藏语，意思是迁移，从这个地方移到另外一个地方。比如说，我们从这个世界搬迁或者移民到西方极乐世界。

我们的意识总有一天会离开身体，它有好几种离开的方式，其中一个是生病死亡。也就是说，这个身体垮了，不适合做意识的载体了，意识自然就会离开。另外一个，就是意识通过某种方法自己主动离开。打个比方，就像一棵树上有一只鸟，如果树倒下去了，那这只鸟自然会飞走，离开这棵树；或者树虽然还是好好的，但是鸟想离开的时候，也会主动飞走。我想就是这两个道理。

人生病时，因为这个身体已经不适合做载体了，所以意识就会离开，但这不是破瓦；破瓦是意识主动想离开这个身体，然后它通过某种方法从身体中出去，这叫作破瓦。

主 移民!

慈 对，是这个意思。如果临终者对破瓦法修得比较纯熟、功夫到位的话，他的意识完全可以通过自己的力量离开身体，从身体当中出去。破瓦的原理就是这样，但是在修之前，我们先要去灌顶，然后学习怎样修破瓦法，学习之后再去训练。这中间有一系列的修行方法，需要具体地去学习。

主 **我觉得，既然这么多人选择用密宗的方法来帮助自己经历临终的关键时刻，那它肯定有一些特别之处吧?**

慈 破瓦有几种，我们现在比较常用的破瓦，就是把意识迁移到西方极乐世界。破瓦法的殊胜之处在于，如果通过这种方法走，就一定能够往生西方极乐世界。也就是说，可以直接往生。

但破瓦法平时不可以用，用了就等于自杀，是有罪过的，这在佛经里讲得很清楚。临终的时候，如果发现自己实在不行了，治疗和其他方法都无效，确实没有办法的情况下才可以用破瓦法。反正要走，那就通过这种方式走，这个时候是允许用的。

主 您说到破瓦法需要灌顶，有没有哪个破瓦法是不需要灌顶，学显、学密都可以用的？

慈 破瓦法本身就是密法里的一部分，所以可能没有不需要灌顶的破瓦法。但没问题，到处都有灌顶。

主 您刚才提到的《中阴闻解脱经》，也是密宗特有的一种修行方法吗？

慈 《中阴闻解脱经》或《西藏度亡经》，其实是一本书的不同名字。《西藏度亡经》可能是西方翻译之后的名字，虽然我们平时常见的版本是《西藏度亡经》，但实际上它不叫《西藏度亡经》，应该叫作《中阴闻解脱经》。

主 听您这么说，这个也必须是有灌顶、有资格的人才可以修吧？

慈 是的。

主 非常感谢您为我们介绍了这么多，现场其他观众有没有什么问题？

观　您刚才介绍了很多修法，比如五力、“三想三不想”、念阿弥陀佛，还有中阴修法，我们如何从中选择适合自己的修法呢？谢谢堪布！

慈　在这些修法当中，破瓦法需要灌顶，并且还要有一定破瓦法的训练，符合这两个条件的人就适合通过破瓦法往生；平时念佛，对阿弥陀佛有强烈信心的人，就比较适合通过净土法门往生；“三想三不想”则任何人都可以用，只是内容有些时候会有点不一样；五力也一样，不管是念佛还是修破瓦法，或者修密法里的中阴解脱法门（即《西藏度亡经》），都可以用。“三想三不想”和五力是通用的，所有人都可以用。

观　堪布，您好！如果遇到车祸、地震、海啸以及类似的突发事件时，我们该怎么做？另外，平时我们还需要做些什么训练呢？

慈　我们刚才讲的这些方法都是在常规情况下用的，当发生车祸、海啸、地震等突发事件的时候，这些方法基本都用不上。

那么，如何应对突发性的事情？有一个方法：我们要养成一个习惯，当感受到恐惧的时候，要把意识专注于头顶的梵穴。梵穴位于头顶发旋的位置，要往这个地方专注。

在日常生活中受到任何惊吓时，比如打雷等，如果我们能习惯性地把意识往上专注到头顶的话，那么假如有一天真的出现意外情况，我们也一定会习惯性地这样做。这个时候，只要一专注，意识就会从头顶出去，基本上可以达到破瓦法的效果。这是遇到突发事件时的一个应急措施，也是一个非常好的方法。不需要念什么，也不需要想什么，只要专注于头顶就可以了。我们平时应该训练一下，这是我们在遇到突发事件时唯一能用得上的。

主 **谢谢堪布！刚才我用余光看见，大家都指了指您说的那个发旋的地方，有的揪了揪头发，看来大家已经准备要开始练习了！（众笑）**

今天堪布为大家介绍了很多的方法，关键是我们平时要下功夫训练、串习。

慈 对，串习非常重要。

主 **相信众多修法中，总有一款适合您。希望死亡来临时，每个人都能够清清楚楚、明明白白、淡定地去面对。**

人身难得，我们现在已经得到了；佛法难闻，我们也已经听闻了。今生很幸运地拥有这样一个机会，让我们能够坦然地、勇敢地去面对死亡，希望每个人都能够把握住这次机会。

再次感谢慈诚罗珠堪布！感谢大家！

波羅蜜多故心無挂礙無挂礙故無有
恐怖遠離顛倒夢想究竟涅槃三世諸佛
依般若波羅蜜多故得阿耨多羅三藐三
菩提故知般若波羅蜜多是大神咒是大
明咒是無上咒是無等等咒能除一切苦
真實不虛故說般若波羅蜜多咒即說
咒曰 揭諦 揭諦 波羅揭諦
波羅僧揭諦 菩提娑婆訶

这个姿势让你来生不堕恶趣

——《慧灯 · 问道》“超越生死篇”第 7 期

主 各位观众朋友，大家好！欢迎大家收看这一期的《慧灯 · 问道》节目。我们先掌声有请慈诚罗珠堪布！欢迎您！

上期节目中，慈诚罗珠堪布为我们介绍了很多面对死亡的方法。大家都知道，大乘佛教讲究自利利他，因此，在为自己的死亡做好准备的同时，我们也要帮助其他人正确面对死亡。

说到帮助别人面对死亡这个话题，其实有些人并不是特别认可佛教的方式。比如说，有的人因为车祸等突发状况而死亡，或者因为疾病而离世时，大家会觉得这种情况不是善终，因此会想到用超度等佛教的方法去利益亡人。但是，如果家人走得很安详，属于“善终”，他们就认为没有必要了。请问堪布，如果亡者是“善终”的话，还需要做超度或者用佛教的方法来利益他吗?

慈 有人看起来走得比较好，但其实没有这些帮助的话，也不一定真的走得好。所以，如果他们的家属能够接受，有这些帮助还是非常好的。

主 **也就是说，无论临终时是否有疾苦，所有人都需要这些帮助。**

慈 对，都需要！

主 **如果家里有人正处于临终状态，我们能用一些什么样的方法帮助他们呢？**

慈 如果他的家人能够接受的话，那就用佛教的方法。大乘佛教，尤其是密法部分关于怎样帮助亡人的方法比较多，但这还要看他自己生前有没有修行。如果之前已经有了一定的训练，比如对《西藏度亡经》里讲的一些过程和方法都比较了解，那么临终时用这些方法来帮助他就非常有用。还有一个是密法里的破瓦法，也非常有用。如果他之前有一定的训练，破瓦法对他会有很大的帮助；但如果他之前从来都没有修过，到时候帮助可能就不大。

如果是从来没有接触过佛法，也没有修过破瓦法等的普通人，也有一些方法可以在他临终时或者再晚一点的时候帮助他，比如给他念佛等。

主 **您刚才介绍了几种方法，其中一种是对生前修行过密宗的人的一些帮助和指引。那么具体的指引方式是怎样的？是把他们之前读过的经文再读给他们听，还是引导他们想起自己曾经的修行境界呢？**

慈 首先，对《西藏度亡经》里的方法有一定了解和训练的人，当确定他要走时，我们就要给他提个醒。他自己心里本来就有准备，也有一定的训练，如果这个时候再一次提醒他，就非常有帮助。

对提醒的人也有一点要求：如果他的上师在附近，那么最好是他的上师亲自过来给他做提醒；如果上师不在附近，就找平时修行比较好的道友，无论是出家人还是一般的在家居士，都可以。

所谓的提醒，就是临终的时候，在他能听见的地方，把《西藏度亡经》里的关键部分念给他听，或者是把其中最关键的内容用一两句话讲给他听。比如要跟他说："你很快就会进入中阴的状态，但是你别害怕，也别难过，这是一个过程，并不是只有你才会经历这个过程，所有人最终都会这样，所以你一定要想得通。""现在你要放松，做好准备，过去你所修习的方法现在就该用上了。在这个关键的时候，你千万不要慌张，要用淡定的心态去面对，这个很重要。""进入中阴时，你会看到很多景象，比如佛菩萨或者魔鬼，各种好的或不好的景象，也会听到各种各样的声音。你一定要知道，这些都是自己内心的投射，就如同投影仪投出来的画面一样，它们并非外面真实存在的东西。就像做梦的时候，虽然梦里看到了很多东西，但它们并不在外面，一切都是自己内心的投射而已，你要记住这一点。"把这些内容讲给他听，这是第一个要点。

第二个要点是，告诉他，"你一定要静下来，要去寻找内心的本质”。当然，如果他从来都没有打过坐，也根本不知道内心的本质是什么，那讲这些可能就用不上；但是如果他之前就有所准备，平时有一定的修行的话，那这时就用得上。所以要提醒他：“中阴的时候，你不要向外追求，也不要惊慌失措；要静下来看自己心的本性，到时候一定会证悟禅宗讲的明心见性，或者是密宗讲的自然本智。如果你证悟了自己心的本性，那么外面的这些声音和景象就会立刻消失，全部都收摄到本性当中。在这之后，你看到的就是非常平静、光明、清净的佛的坛城。”

要把这两个要点告诉他，这是一个比较简单的方法。不过，对于没有修行的人，尤其是从未修过密法以及密法里面特殊的中阴窍诀的人来说，这不一定用得上。但如果他之前有这样的修行，那就要告诉他这些。如果再稍微展开一点，还可以具体地描述每一个过程。比如，在人还没有完全死亡、正面临死亡的时候……

主 **是说生命体征还没有结束之前吗?**

慈 对，还没有结束、即将结束的时候。告诉他：这时你会有什么样的感受；你的眼睛、耳朵对外界的感受是什么样；你看到的、听到的是什么；你内在的感受是什么；最后你会进入一个什么样的状态；进入这个状态的时候，你应该怎么做……

展开的这些内容也来自《西藏度亡经》，之前学习过的人都会知道，所以这时把经文的内容念给他听就可以了。

主 刚才您讲解的这一段，既有他的身体机能还在、还没有完全死亡时的引导，也有他经历中阴时要对他做的一些提醒。《中阴闻解脱经》是在他离世后整个七七四十九天都要持续地念吧？那么，这个是在不同时间念不同的内容，还是每天念同样的内容？

慈 不同的时间有不同的提醒。但临终的时候，也就是人还没有完全死亡的时候，这些提醒非常重要。这个时候他一点都不敢散乱，一定会非常努力、专心地听，也许当时看不到他有什么反应，但其实他可以听见。因为马上要面临一个很重要的关卡，所以他听到提醒之后，一定会非常认真地把这些内容全部记下来，这在佛教里叫作引发力。

引发力是人的意识本身所具有的功能。比如，如果晚上睡觉前告诉自己：我明天早上四点半一定要起床！这样反复地想几次再入睡，那么第二天的这个时间，自己一定会自动醒过来。

阿罗汉在有肉体的情况下打坐，一般可以七天左右不吃不喝，但七天过后身体就会受不了，所以一般不会打坐很长时间。进入禅定状态后，时空的概念就没有了，那他怎么把握时间，确保自己七天之后出定呢？就是利用这个引发力，在打坐前对自己说："我要打坐七天，七天之后我一定要出定！"这样七天之后他就会出定。引发力就是在这个时候起作用的。

所以，当人快要不行的时候，一定要努力提醒自己：

"我马上就要进入死亡后的状态了，到时我一定要记住并且用上这些方法，我一定要如何想、如何做……"这样真的进入这个状态的时候，他就能全部想起来、用得上。

主 **明白了，谢谢您！您刚才也提到了破瓦法，那如何在别人临终的时候，用破瓦法来帮助他们呢？**

慈 破瓦法的前提条件是本人有一定的训练，而且之前最好有破瓦法修成功的标志。对于已经达到这个标准的人，此时破瓦法是非常管用的；对于没有达到标准，但是对破瓦法有一定了解的人，也会有帮助；对于从来都没有训练过、根本不知道什么叫作破瓦法的人来说，效果就不一定很好。因为他根本没办法配合，自己也不懂得怎样修，完全要靠超度人的能力，这就难。

主 **所以，帮助他的人和本人自己都要具备这样的条件才可能成功。**

慈 是，主要是他自己。帮助他的人就是给他一个提醒：你要记住到时候该怎么做。这些他本来也都知道，但是因为身体等各方面的原因，那个时候头脑可能不是很清醒，而且很多人对死亡也有一定的恐惧，一旦恐惧就会忘掉很多东西。在这种情况下就需要有人提醒，但主要还是靠本人的努力。

这个时候，如果是通过破瓦法来提醒他的话，那就要给他念破瓦法。为他念破瓦法超度的人也需要具备一定的条件。如果他不具备这些条件，只是按照佛教的法本念一念，也未必会有太大的作用。

这个超度的人最起码要具备三个条件：第一个条件，慈悲心和利他心。如果出发点完全是为了帮助别人，没有任何其他目的，这样的人，不管是有修行还是没有修行，在一定程度上都能够帮助到临终者，所以慈悲心特别重要。平时也是这样，假如我们没有禅定，也没有智慧，但是有慈悲心的话，因为慈悲心的力量，还是可以帮助到很多人的。所以超度的时候必须要有慈悲心，越强大越好。

第二个条件，在整个超度过程中，一定要非常专心。如果心不在焉，只是过去念念仪轨，就不一定能够起到作用，或者效果会打折扣，所以这时候必须要专心。要专心做什么呢？在破瓦法的仪轨中有很多观想的内容，超度的人必须把这些内容观想清楚，心越专注、观想越清楚越好。

第三个条件，超度的人要有信心。要坚信：这个方法一定可以帮助到亡者！必须有这样的自信。如果觉得："像我这样没有修行的普通人，怎么能够超度别人呢？"这样信心不足的话，超度的效果就会受到很大的影响。这个时候一定要想："无论我有没有修行都没问题，只要按照佛菩萨的教导去做，这个方法本身就有很强大的力量；现在不是以我个人的力量去超度，而是以这个仪轨和佛法的力量去超度，如果一切都按照佛法的要求去做，就一定能够帮助到亡者！"要有这样的自信，要相信破瓦法仪轨的力量，这点特别重要。

如果超度的人具备这三个条件，那么对亡者就会有相当大的帮助。如果用破瓦法超度，就要这样超度。

主 其实在做这期节目之前，我跟一些朋友讨论过助念这个问题。

他们说到助念都挺没自信的，觉得自己没什么修行，担心自己去了会不会打扰临终的人，或者去了有什么利益，能帮助到他们吗……出于种种顾虑，后来就没有去参加超度。

慈 还有一个问题值得注意：任何一个人，在中阴时都会有一点天生的小神通，能知道为他超度的人在想什么。当我们到亡者身边为他念经超度时，如果心里有不清净或者不好的念头，他知道以后会因此产生烦恼。这对他是有伤害的，因为此时行善、造恶的影响与平时截然不同：在中阴身的时候，一个好的念头很可能会让他拥有美好的未来；一个不好的念头，也很可能会让他在以后漫长的时间中饱受痛苦。他的未来会因此而决定，所以这时候一定要特别注意。

除此以外，哪怕自己没有太高的境界也没问题，只要是为了利他、有慈悲心，并且相信佛菩萨的力量，那么为他念佛菩萨的名号和各种加持力强大的咒语，对他一定会有帮助。这个时候不需要去想：我没有修行的境界、没有觉悟，我帮助不了他……不需要这么想。

主 **有一颗利益他人的心，然后充分地相信佛菩萨的加持力和经文本身的力量。**

慈 对！

主 **对于没有修过密宗的人，这种方法不一定能利益他们，那该怎么办呢？**

慈 如果是从来没有修过密法或者根本不信佛的人，恐怕就用不上破瓦法和中阴的这些方法。在这种情况下，我们可以为他念佛。除了念阿弥陀佛以外，还可以念释迦牟尼佛的圣号以及其他佛菩萨的名号，这些对他都有帮助。

主 有一种说法，亡者临终时的姿势跟他走得好不好有很大的关系。那我们应该如何去帮助他们，让他们用一个比较好的姿势来面对临终呢？

慈 佛教里有一个姿势叫吉祥卧，也叫狮子卧，释迦牟尼佛就是以这种姿势圆寂的。佛陀平时晚上睡觉的时候也是用这个姿势，我们在南传佛教的很多佛堂里面看到的卧佛就是这个姿势。

佛说狮子是兽中之王，狮子就是这么睡觉的。其实狮子是不是这样睡觉不重要，主要是佛教里把这种姿势称为狮子卧。具体如下：头朝北方；身体的右侧在下，左侧在上，左腿压住右腿；然后左手放在左腿上面，右手放在头下。如果希望自己在修菩提心或者慈悲心的过程中往生，就用小拇指摁住右边的鼻孔，让气都从左边的鼻孔排出。因为人的身体与精神、情绪或者善恶念头都有一定的关系，会互相影响，所以这个时候把右边的鼻孔堵住，让气都从左边排出，人就比较容易产生慈悲心，在这样的状态中往生特别重要。

哪怕是一个从来没有修行过，甚至根本不信佛的人，临终的时候如果帮他做这个姿势，让他以这个姿势往生，那么至少一二世之内他不会堕入恶趣。因此，无论显宗还是密宗都说人往生的时候要用这种姿势，这个非常有用。

主 **吉祥卧。那从现在就应该开始练习这个姿势了呀！**

慈 这个很简单，其实不需要太多的练习。

主 **有人说，如果在人临终的时候去碰触他的身体，他有可能会痛，在这种情况下，也一定要把他变成吉祥卧的姿势吗？**

慈 是的，方便的话最好这样。如果在医院里的话，比如病床本来不是朝北，那可能就没办法调整；但是在其他地方，比如自己家里，或者有条件的情况下就要尽量这样做。佛经里讲，包括动物也是如此。比如我们在路上看到一些濒临死亡的小动物，也要把它头朝向北方摆成吉祥卧。即使没办法完全做到，对它也会有帮助。

主 **在之前的节目中，您提到“三想三不想”，其中一个是不要特别留恋自己生前的财产和亲人。那么，对于亡者临终所在的环境，比如他所在的屋子，我们应该注意些什么呢？**

慈 在医院或其他地方确实没有什么选择，但农村或其他地方，有很多是在家中离世的，这种情况下就有条件做一些调整：

临终者的房间内不要有任何亡者比较牵挂、留恋的东西。比如他非常喜欢钱，那就不要出现钱；或者他特别在乎自己的儿女、孙子等，那么这些人最好也不要出现在他的眼前。这里指的是他离世前的最后时刻，在这之前大家去看望他是没问题的，但在最后要走的这一刻，人的心念特别脆弱，虽然非常希望自己的心能专注于某一件事情，但有时也无能为力，不得不跟着自己的习气走。所以，生前特别贪财的人，如果临终时身边有这样的东西，那么他心里就会产生放不下、舍不得的念头，这在往生的过程中一定会成为阻碍。另外，亡者所牵挂的家人如果出现在他眼前的话，对亲人的留恋也会让他走不好。所以这些都不能出现在临终者看得见的地方。

此外，家人在这个时候不能哭闹，要让他在一个比较平静、祥和的氛围中离开，这个非常重要。然后找一些道友来为他念佛、超度，这样他一定会走得好。

主 **在一些地方，家人不仅是自己哭，还花钱请哭丧队一起哭，这样并不能利益亡者，反而会给他增添很多负担。**

慈 是的。请人哭丧是一个非常无聊的做法。前两年有一个新闻报道，说有个女人做了一辈子职业哭丧，导致最后眼睛都哭瞎了。这种风俗不知道是从哪里来的，确实没有什么实际的意义，这种做法就更不要有了。

主 **之前您还说过，临终者的神识最好可以从头顶的位置出去，而助念的人对临终者会有一定的影响，那我们去助念的时候是不是要注意一下所站的位置呢？**

慈 对，显宗的经典中也有这种说法。当人的意识离开身体时，最后从身体的哪一个部位出去，与他下一世的投胎有相当大的关系，所以要尽量让意识从头顶的梵穴出去，这是最好的。

学佛的人比较重视下一辈子。我们临终时的某一个行为，包括身体的姿势、一举一动等，都有可能让临终者下一世、两世，甚至两三百年的时间中过得很好或者很糟。虽然几百年的时间在整个生命轮回中不算什么，但是对一个人来说，这也是一个漫长的过程。如果走得不好，那他就要在这么长的时间中承受巨大的痛苦。所以在最后的时刻，助念的人一定要认真对待，要用心、专心地去做，因为这对亡者来说至关重要。

主 **那如果想帮助他从头顶的梵穴出去，助念的人要站在他的面前还是头顶的方向呢?**

慈 密法里讲，为了让亡者记住从头顶的梵穴出去，超度的人要站在他头顶的方向念，因为头顶这边有声音，他的心自然就会专注到这个方向。《西藏度亡经》里也讲，这个时候不要去触碰他的下半身，比如脚趾或者腿，否则他的心又会往下专注，这样他的神识就无法从梵穴出去。

所以，助念的人这时候要站在床头，有必要时还可以拍一拍他的梵穴，或者抓住头发揪一揪，提醒他从这个地方出去。如果亡者生前有一定的训练，此时这些对他都有帮助；

但如果他什么都不懂的话，这些行为对他来说可能就没有什么助益。不过也没关系，万一有帮助呢！所以我们还是要这么去做。

主 **说到这里就引发了另外一个问题——拍他的头顶或者揪头发会引发他的烦恼或痛苦吗?**

慈 不会的。因为这个时候不仅仅是拍一拍头，还要提醒他，大声地跟他说：“你要从这个地方出去！从这个地方出去就能往生到西方极乐世界！”这是给他做提醒，所以他不会有烦恼。

主 **谢谢堪布！这一期节目到这里就告一段落了，我们下期再见。**

临终关怀：带上勇气和希望离开

——《慧灯·问道》“超越生死篇”第 8 期

主 **欢迎收看这期的《慧灯·问道》节目。**

堪布，您好！我记得您在之前的课程里讲到不动佛心咒的运用，比如把打印了不动佛心咒的纸放在亡人的额头或胸口，用不动佛心咒加持的水给亡人洗澡等。为什么不动佛心咒有这么大的功德利益呢？

慈 佛的心咒都是这样，像大悲咒、百字明等都有很大的功德。心咒的功德源自诸佛菩萨，他们在漫长的时间里修行，然后通过修行慈悲、智慧和禅定的力量加持这些咒语，因此我们现在念诵咒语时，它们就会发挥这么大的作用。所有咒语都是这样，不动佛心咒也是如此。

但是不动佛心咒有一个特点——它对临终的人特别有帮助，这是因为不动佛当时就是这么发愿的。咒语的功德与过去佛菩萨的愿力有关系，比如百字明对忏悔罪过非常有用，就是因为这个咒语与金刚萨埵过去的愿力有关系。其他咒也是这样，所以不动佛的心咒对亡人有特别的意义。

主 **除了亡人，动物也可以用不动佛心咒吗？**

慈 可以，对动物也是非常有用的。

主 **如果要用加持的水给亡人洗澡，在什么时间点洗比较好？**

慈 如果给亡人念破瓦的话，就是在医学上判断他即将死亡的时候。比如瞳孔扩散、呼吸停止，脸色也开始变得像尸体的颜色，这个时候他就快要不行了，但是还听得见。念破瓦的最佳时间就是这个时候。

其他的方法，比如用不动佛的心咒，只要尸体还在，随时都可以用。但是用这些方法的关键时刻，就是在亡者即将离世的时候，此时越快越好，所有方法都是在这个时候最有效。在后面也可以，只要亡者的身体还在。

我们可以从网上下载、打印不动佛心咒，如果能开光就开光，不能开光也可以用。直接把这个咒放在亡者的额头和心口，可以和尸体一起火化，不需要拿出来。还有一个不动佛心咒的用法：助念的人一起念不动佛心咒，然后大家对水吹气来加持水，再把水洒在亡者的头顶和心口就可以了，不一定要洗澡。如果要洗澡的话，可以把不动佛心咒加持过的水倒在洗澡水里洗身体，也是一样的效果。

主 **之所以提这个问题，是因为人在临终的时候很敏感，如果触碰**

他的身体、给他洗澡，怕他会疼痛。

慈 如果有这样的顾虑，那就不需要洗澡，洒在头顶和心口就可以了。

主 好的。另外，假如有条件单独设置一个灵堂，我们应该怎样布置这个房间？需要注意哪些问题呢？

慈 有些寺庙可以提供这样的房间。

藏传佛教的密法里有一些过解脱咒，还有一些非常有加持的佛的坛城，就是我们平时看到的那种佛的坛城，坛城上还有很多咒语。如果有的话，把这些图片等安置于房间的天花板上，也可以直接放在尸体上方。另外，还可以给亡者盖往生被。往生被上面也有许多非常好的咒语，其中很多都是密法的咒语。

有条件的话，可以在亡人的头顶、床头方向放阿弥陀佛、观世音菩萨、释迦牟尼佛等佛像，唐卡或者铜像都可以；然后在佛像前供些供品；最好把大乘佛教的《无量寿经》《佛说阿弥陀经》或者《般若经》等佛经也放置在床头。

主 那么灵堂布置好以后，如果请人助念的话，应该以什么内容为主呢？

慈 在藏传佛教，尤其是密法里面助念的仪轨非常多。不过，如果这些仪轨还没有翻译，可能就用不上。

我们可以给亡人念《心经》《金刚经》，这些经大家都知道；还可以念《三十五佛忏悔文》，这个非常重要；另外，《普贤行愿品》里讲了很多回向往生西方极乐世界的内容，里面有很多菩萨的心愿和愿力，念这个也非常好。

在此基础上可以念佛菩萨的名号。索达吉堪布编写了一个给临终人念的法本，里面有很多佛菩萨的名号。我们平时放生时用的仪轨里面也有很多佛菩萨的名号和咒语，像不动佛的心咒等。这些咒语和名号是从所有佛菩萨名号中筛选出来的，是最有加持力、最殊胜的。当然，佛菩萨的名号都非常好，但是佛经里有记载，这些咒或佛菩萨名号对亡人、动物或者某些人会特别有效。所以，将这个放生仪轨里的佛菩萨名号念给临终者或亡人听，就是最简单的超度方法。

另外，《西藏度亡经》里有很多中阴救度的仪轨，念这些仪轨也是非常好的。

主 **您刚才说要念《三十五佛忏悔文》，但是“三不想”要求我们不要去想自己的罪过和过错，那么在两者之间应该怎样平衡呢？**

慈 “三不想”是让人在临终时不要害怕，不要因为自己有太多的罪过而恐惧，但这并不代表他不能忏悔，进行忏悔是没问题的。

主 **就是不要把它想得太严重了。**

慈 对，不要想得太夸张、太严重。

主 **对于一心想去西方极乐世界的人，应该为他们念什么样的佛号和经文呢?**

慈 最好给他念《佛说阿弥陀经》；还有《极乐愿文》，广的、略的，有很多。在藏传佛教里，大家都用乔美仁波切的《极乐愿文》，基本上所有教派都在用，这个非常好。这个《极乐愿文》现在已有中文版，我们可以念诵这个版本；或者《普贤行愿品》后面几句往生西方极乐世界的愿词；其他关于往生方面的愿词也可以念。

主 **有些人在临终前就已经表现出很强的恐惧感，但是平时又没有修行，对于这些人，我们应该怎么提醒、帮助他们呢?**

慈 我们可以这样提醒他："你进入中阴的时候会遇到一些恐怖的景象，但你要知道这是佛菩萨的化现，或者是你自己内心的投影。"这样他就不会过于恐惧。另外，"死亡是一种周期性的生命活动，它并不意味着一切的结束。生命是永恒的，它不会真正地死亡，也不会真正地诞生，只不过是换了一种形式而已。所以，不要把死亡当成一件非常恐怖的事情"。要告诉他："这个时候你还有很多事情可以做，比如念佛。死亡根本不是绝望，还是有很多希望的。你一定要把握好机会，这样在中阴或者在下一世的时候，就不会有什么问题。"这个时候要让他以平常心去面对死亡，这些对他都会有帮助。实际情况也是这样，这并不是对他的安慰。

我们对死亡的恐惧，一方面来自我们不了解死亡，根本不知道死亡时会发生什么事情；另一方面，由于人类历史上对死亡的说法太多，而这些说法当中，几乎没有一个是真正了解死亡的观点，多数都是民间传说，越传越恐怖，导致人们对死亡产生了恐惧心理。

主 **是的，没有修行的人之所以恐惧死亡，是因为死亡对他而言是一个未知的领域。因为不了解，所以才特别害怕。把实情告诉他之后，就有可能解除他的心理压力。**

慈 对。还有一点，要告诉他："这世界上的所有人都要面对死亡，绝不是只有你一个人。每个人都有今天，只不过是早晚而已。你要想通这一点，不要牵挂、留恋，这些东西都带不走。现在你要全神贯注做好接下来的事情，关注前面的路，不要回头看，如果回了头，对自己更不利。"

在这个生死关头，只要对自己有所帮助，他一定会非常认真地听。因为这个时候他非常清楚，已经没有其他东西可以帮助他，亲人、钱财、权力等都用不上。他会发现这是最后一根救命稻草，因此一定会认真地听、认真地记，一般情况下是这样。

不过，有些人生前很不喜欢这些关于生死轮回、人死了以后的种种说法，还有些人对宗教特别不感兴趣，这种情况也许跟他这一世或前世有关系。过去他在相当长的时间里不断串习，现在讲几句话就想让他改过来，这个可能有点困难，但是或多或少还是会有帮助的。至少给他念念佛号，无论他认为这样对他好或不好都没关系，念佛确实对他有帮助。

对于临终的人来说，第一，这些确实有帮助；第二，除此之外，没有其他的方法了。所以这个时候，我们每个人都一定要用心地去做，这非常重要！

主 **那助念的时间要持续多久？**

慈 助念的时间要看情况。如果条件允许的话，最好是七七四十九天；如果能够每天二十四小时不间断，那就更好了。

如果每天二十四小时，念七七四十九天比较难，那么看能不能念一个或者两个七天；如果没办法念一个星期，那就念三天、五天，至少头几天要念二十四小时，这样最好。

主 **就是不间断地轮流念吧？这个也牵涉到了如何组织和安排助念工作。**

慈 是，这个要安排好。助念不是谁想助念就能助念的，比较规范的做法是大家先学习一下怎么助念，要给助念的人做简单的训练，这样超度才比较如法，对亡人也有一定的帮助。

主 **非常感谢您为我们介绍了这么多利益临终者的方法！我们看看台下的观众朋友们还有什么问题。**

观　刚才您提到了破瓦法，如果现场没有合适的人给亡人念诵破瓦法，是否可以把电话放在亡人的耳边，通过电话让他听见念诵破瓦法的声音？这样的效果和现场念一样吗？

慈　通过电话念破瓦法也不能说对他没有任何帮助，但是通过电话念和在现场念的效果应该是不一样的。也许会有一些帮助，至少把电话放在他耳边，给他念一些佛的名号，这是有帮助的。

观　我之前听说，有人在临终时听您念诵破瓦的录音就顺利地往生了。那么听念诵破瓦法的录音和在现场念，这两者的力量一样吗？

慈　有没有顺利地往生不太好确定。不过，当他神识比较模糊、不知道要观想什么的时候，听录音可以给他一个提醒。如果他跟着录音去观想的话，这对他会有帮助。

但这些都不如在现场念。因为录音机只有声音，它不具备这三个条件：第一，录音机没有慈悲心；第二，录音机没有信心；第三，录音机也不会专心。当然，在没有其他人的情况下，录音机、念佛机这些都有帮助。

观 **我听说有一种往生被，也叫陀罗尼被，可以利益亡人。请问它可以代替不动佛心咒或者是咒轮吗？还是两种一起用会更好？**

慈 在往生被和不动佛心咒都有的情况下，可以一起用。密法里还有类似的咒，也可以一起用。

有些往生被上可能有观音心咒或不动佛心咒，这些可以同时使用，不需要代替。如果没有的话，那有往生被就用往生被，有不动佛心咒就用不动佛心咒，单独用也可以。

观 **这些咒轮和往生被，应该在什么时间用比较好？在盖往生被时，是从头到脚盖起来，还是可以把头露出来？**

慈 这些都没问题的。时间方面，念破瓦法的确有最佳的时间，但盖往生被对时间的要求不是那么高，什么时候盖都可以。盖的时候，盖上半身、下半身，头、脚都可以，只要把往生被放在尸体上就可以了。不动佛心咒也可以放在尸体上，但一般要求放在额头和心口。

主 我突然想到一个具体操作的问题：打印的咒放在尸体上不就掉了嘛？怎么让它固定呢？

慈 它不会掉啊，尸体也不会起来的。

主 我一直在想，是不是用什么东西把它贴住？我听过一个说法，用蜂蜜把咒贴在上面。

慈 不需要，放在上面就可以了。如果你觉得会掉下来，那就先放在尸体上，然后用东西压住。贴在上面也可以，不过一般不需要。

3

观 **您在开示中提到，可以给临终者吃甘露丸或者喝甘露水。甘露丸的类型有很多，请问选哪种甘露丸对临终者最有利？还是说效果都一样？**

慈 正规寺院的僧众在修法过程中做出来的甘露丸，还有高僧大德给的甘露丸应该都可以用。甘露丸当中也有不好的，但我们常见的甘露丸基本上不会有不好的，都是正规寺庙里的僧众按照藏传佛教的要求去修法，经过七天或者更长时间制作出来的。这没有什么问题，都可以用的。

主 堪布，刚才您说不动佛心咒可以随同尸体一起火化，像这样能够一起火化的东西还有什么呢？

慈 藏传佛教密法里的一些特殊加持品，比如大圆满里的一些佩戴物，只能由他本人戴，其他人不可以戴。因为他本人得到过这个灌顶，然后才有资格戴，其他人不一定有这个资格。这种佩戴物就要跟他的尸体一起火化，不能拿出来。除此之外，密法里其他一些用于佩戴的经文也可以一起火化。但他身上戴的一些特别有加持力的佛像，或者很早以前传下来的、非常有价值的佛像不能一起火化。

主　刚才我们提到的往生被是否可以一起火化?

慈　往生被一般是不火化的，就是用来盖。盖完以后，等骨灰出来时，可以把往生被或不动佛心咒放在骨灰上面，然后埋葬或者做其他处理。

主　谢谢堪布！这一期节目到这里就告一段落了，我们下期再见。

助念：最关键的时刻的最有力帮助

——《慧灯·问道》“超越生死篇”第9期

主 观众朋友们，大家好！上期节目中，慈诚罗珠堪布为我们讲解了帮助临终者和亡者的一些具体方法。如果大家还有问题的话，可以提问了。

1

观 净土宗常说，心不贪恋、意不颠倒才能往生西方极乐世界。但是天灾人祸等非正常死亡情况也很常见，请问在这种情况下能不能往生？

慈 如果在此之前这个人念佛念得好、修行修得好，已经有非常充分的准备，那么即便当时没有来得及做好应对措施，在突发性事件中往生也是有可能的。

当意外来临的时候，我们基本上无法做太多准备，此时可以使用破瓦法里面的一个应急措施：在遇到打雷、海啸、地震或者交通事故等突发性事件时，将意识专注于头顶，这样基本上就起到了破瓦的效果，人的神识会从头顶的梵穴出去。这是一个应急的措施，会有帮助的。除此之外，这种情况下几乎没有其他方法。

观　如果病人处于深度昏迷中，他还能不能够往生？

慈　应该是没问题的。一方面，即使病人在离世之前是清醒的，离世以后有一段时间还是会昏迷，从昏迷中出来以后就是中阴，中阴时他的头脑就会非常清醒。另一方面，人在临终尚未真正死亡的时候，虽然表面上看他没有什么反应，但实际上他可以听见。所以我们不能放弃，不要以为他听不见，其实他有可能听得见。当然，如果此时他的意识确实非常模糊，这就会受到一点影响。

人离世的时候有两种状态。一种是在迷迷糊糊的状态中离开，看起来没有任何痛苦，好像睡着了一样。一般世俗的人会觉得这样很好，因为他走得没有痛苦。但实际上未必很好，对于一个之前已经做了很多准备的修行人来说，如果这样迷迷糊糊地走，那么很多方法都用不上。

另一种，就是在最后的片刻感受到了特别大的痛楚。如果在这样的状态中离世，对有准备、有修行的人来说反而比较好。因为这时他的身体虽然感受到疼痛，但是他的意识非常清醒，所以在这种状态中走比较理想。

临终者到底会在哪一种状态下离开，我们是没有办法决定的。如果他的神识有点模糊，自己往生的能力可能稍微差一点，这时候就需要有人在旁边提醒他、帮助他，他也可以通过上师或者道友的提醒做往生的准备。如果他平时已经训练得比较好了，那么之前的训练这时候就用得上了。

2

观　即将去世的人如果有严重的听力障碍，比如耳聋，我们给他助念到底有没有效果？

慈　有效果。我们给人或者动物助念时，最好他们能听得见。如果能听见的话，他们会获得两方面的受益：一方面，他们的内心会生起信心，自己也会努力等；另一方面，我们用慈悲心助念，这些咒语和佛菩萨名号的力量是存在的。从这个方面讲，即使听不见也会有帮助，所以不能放弃。

观　谢谢堪布！我还想请问您，如果临终者和助念者分别来自不同的地域，比如临终者是一个外国人，而让中国人给他助念的话，这样有没有效果？

慈　如果要给他讲一些临终或中阴的注意事项，为他做引导的话，这个时候就需要翻译一下，否则可能没有太明显的效果；如果是念佛菩萨名号或咒语，那有语言障碍也没关系，只要他能听见就可以了。当然，最好是找个翻译告诉他：我们现在要为你超度，你自己也要努力，要如何如何去想……简单地说一下，然后念仪轨就可以了。

观 您刚才说到念佛的问题，我想问一下：对于亡者来说，我们大声地念佛号和小声地念佛号，哪个效果好？

慈 只要他能够听见就可以。在这个房间里面，一个活着的人正常情况下能听见的音量就可以了。不需要太高，也不需要太低。

主 堪布，刚刚这位朋友提到，助念对一个失聪的人有没有作用。我有另外一个问题：人死之后，他的六根已经不起作用了，这个时候我们所助念的内容会对他有用吗？

慈 这中间会有一个昏迷的状态，这时候无论有没有语言障碍，他确实都听不见。但是我刚才也讲了，我们为他念佛、念经或行善等，他会得到两方面的利益：一方面，因为他听得见，所以就知道自己该怎么做了（当然，如果他听不见，可能就没有这方面的帮助了）；另一方面，我们以慈悲心为他念经、回向，这在任何时候都是有用的，他可以获得这方面的帮助。

有些人在昏迷状态中停留的时间不是很长，一两个小时就出来了，而有些人则需要一两天，这个确实不太好把握，所以我们要认真地去做。如果亡者比较了解中阴的修法，那助念的时候就不能仅给他讲一次，比如每隔一个小时再重复一次，这样可能比较保险。

主 **就是持续一段时间，不断地去提醒他。**

慈 对。

3

观 **现在很多佛教徒离世的时候都是在医院里面，这样往往就不能按照自己的意愿来处理后事，只能按照医院的程序进行，比如冲洗、换衣服，最后放入冰柜里面等。想请堪布开示一下，像这种情况会不会影响到往生？如果会影响的话，有没有什么补救的办法？感恩堪布。**

慈 在医院当然不方便做很多的佛教仪轨。但是如果有条件的话，我们可以把遗体从医院的太平间送到附近的寺庙里去为他念佛，如果寺庙里有助念或超度场所，这样应该也是可以的。

或者有条件的话，在某个地方由佛教徒自己建一个这样的场地，这也是一个非常好的方法。如果寺庙允许的话，在寺庙里面或者寺庙附近准备一间房子就够了，不需要太大的场地。如果有这样一个地方，无论亡者是佛教徒还是非佛教徒，只要他的家属同意，就可以把遗体运到这个地方，然后再为他念后续的仪轨，这样就比较有帮助。

在医院里离世的话，周围一定会有其他人，这样我们去念佛就不太方便，但是要引导他怎么做。实际上，最关键的时间段也不是很长。如果我们在他身边的话，就提醒他关于中阴的一些修法以及注意事项，这些可能五分钟、十分钟就能完成，所以在医院也是可以做的。

还有一点，念佛不一定要有很多人，关键时刻有一两个人在旁边为他念佛就可以了。如果这个时候医生或者其他病人也在场，可以请他们配合一下，大家应该都会理解的。无论有没有信仰，这是我们在一个人临终之际送别他的方式，任何人都会尊重并理解。当然，我们要在不影响其他人的情况下去做。这个不需要太长时间，五分钟、十分钟，或者二十分钟就结束了，接下来的仪式再找其他地方做。我觉得这样比较好。

主 **也就是说，如果有条件的话可以设置灵堂，或者在寺院里做一些佛事；但是如果不具备这样的条件，我们也可以不断地重复简单的佛号，持续为亡者念诵，这对他们也有很大的利益。**

慈 是的。一般而言，当一个人病情非常严重的时候，我们就要做好相关准备。比如医生通知我们了，或者家属感觉到他已经快不行了，这个时候对这方面略有经验的人，最好就不要离开他身边。关键就是在这十几分钟内，把该提醒的内容交代清楚，这对他是有帮助的。

4

观 我们老家有一种习俗，在亡人临终之际，身体还有体温的情况下就要给他穿寿衣。我想请教您，这样是否如法？或者什么情况下给亡人穿寿衣才是最如法的？感恩堪布。

慈 可能是因为人的体温完全消失之后，身体会变僵硬，这样寿衣就不好穿了，所以要趁这个时机给他穿。但是从佛教的角度来讲，人的体温还在的时候，穿寿衣等这些都先不要着急，最重要的就是为他念佛、帮他做引导，这是非常重要的。虽然身体僵硬以后，寿衣是有点不好穿，但还是要放在这些之后做，应该要这样。

主 之前有朋友跟我讲过，他的家人去世时请了助念团来助念。过了一两天，助念团说情况很好，还摇着亡者的手，说："你看多软！"这个朋友很担心亡人的神识此时还没有完全离开，这样使劲摇动他的身体可能会让他感觉到痛苦。请问会有这样的情况吗？

慈 如果已经去世几天了，应该不太可能感觉到痛苦，因为他的脑细胞、神经等都已经不行了。虽然他的神识有可能还在，但也不像我们活人一样能感受到外境，由于在生理上已经受到了其他方面的影响，因此他不一定能感觉到痛苦。但是神识离开的时间，有可能是他离世的两三天之后，确实有这种可能。

主 那么助念团根据亡人身体的柔软程度，来判断他有没有往生、走得好不好，这个判断标准是否正确呢?

慈 我想这个判断比较悬，不太可能吧。

5

观 **请问什么经文和咒语可以随尸体一起火化、利益亡者？亡者生前佩戴的佛像、甘露丸和加持品该怎么处理?**

慈 佛像最好不要跟尸体一起烧。如果不想放在家里，可以把佛像拿出来，放在一个比较干净的地方。如果寺庙有地方处理的话，就交给他们；如果没有，我们可以找一个人比较少的地方，比如郊区，或者地势比较高的地方，比如山上，放在这样的地方就可以了。

他生前佩戴的甘露丸最好给他吃。如果他没来得及吃的话，可以泡水后给他灌下去；或者倒在水里，洒在心口、涂在身体上。

有些经文可以随同尸体一起火化，比如不动佛心咒，这对他会有帮助。佛经里开示过可以一起烧的，那就可以烧。还有密法里的一些佩戴物，只能由他本人佩戴，其他人不能佩戴的，这些跟尸体一起火化也是有帮助的。

还有，我们平时得到的灌顶的名称；听到的所有佛法的名称，比如《入菩萨行论》《佛子行》《中论》等；还有我们听到的传承的名称，这些全部都要登记下来，等离世的时候随同尸体一起火化。如果是佛教的高僧大德或学者所获得的传承记录，因为还需要传播给其他人，所以要先复印、保留，然后才可以将原件跟遗体一起火化。而我们普通人所听的法，一般不会再去传给其他人，这样的记录也没有什么历史价值，可以直接和遗体放在一起火化。仅仅依靠这个力量，亡者在这一两世，至少下一世绝对不会堕入恶趣，完全可以起到这样的作用。当然，尽管下一世的问题解决了，但再下一世、再下下一世，没有修行的话仍然是没有把握的。

主 **堪布，您刚才说到登记传承、灌顶等的小本子……**

慈 这叫作闻法录。

主 **闻法录?**

慈 对，闻法录。

主 **有些人在登记闻法录的时候，会写上哪年哪月自己听到了什么，是谁传承的，可能会带有高僧大德的名字，这样烧掉有关系吗?**

慈 没关系。过去藏传佛教在传承方面比较严格，所以每个人都有自己的传承上师。比如从释迦牟尼佛到莲花生大师、龙树菩萨……这样一代代地传下来，直到自己这一代所有人的名字，全部都记录在册，每个人都有很厚的一本笔记。

高僧大德或者是一些修行人，他们使用闻法录有几方面的原因，其中之一是当他要传某一个法时，如果记不住自己到底有没有这个传承，就可以去查闻法录。如果闻法录里有，就可以传给别人；如果闻法录里面没有，就说明他没有得过这个传承。闻法录可以起到这个作用。

我们普通人不太可能去传法，但是记录下来，将来走的时候跟遗体一起火化，这样也是有帮助的。

主 **看了今天这期节目之后，每个人都应该准备一个本子，作为自己的闻法录。**

慈 是的，我们每一个人都应该记录。

6

观 **我有一个学佛的朋友，由于他的家人不信佛，他担心自己去世之后，家人不能按照佛教的方式来帮他处理身后事务，因此他想提前写一份遗嘱，现在问我该怎么写。请问堪布，您觉得他的遗嘱应该体现哪些内容呢？**

慈 除了普通遗嘱里的内容，比如房子给谁、积蓄如何分配等这些之外，学佛人的遗嘱还可以增加一个内容，“请允许按照佛教的方式处理我的后事”，加上这么几个字就可以了。因为他的家人都是爱他的，不管相信或不相信，这个时候他们都应该，也会去尊重他的最后一个遗愿。不需要写细节，就写按照佛教的方式去做。我们刚才谈到这么多方法，每个都写的话就太复杂了，简单地写一下，然后交给一个佛教团体去做就可以了。

观　感恩堪布！还有一些细节可能介于佛教和世俗之间。比如说，他不希望为了抢救自己而耗费家人大量的时间、精力、金钱，怕拖累自己的家人，还有对财产的处理，以及想找谁帮他助念等，这些问题可不可以写？

慈　当然可以了。如果他有这方面的顾虑，这些事情可以写得清楚一点。

主　刚才这位朋友说到的一些顾虑，比如财产的处理，学佛的人可能知道，财产中应该有一部分用来利益众生或者印经书等，这样可以利益到自己的来世，所以遗嘱里注明这些内容对财产处理是不是也有一些帮助？

慈　这应该是遗嘱里一个比较关键的部分，所以要交代清楚。他可以把财产分成几个部分，一部分拿来做善事，一部分给儿女或者父母。其实给父母养老也是行善，给儿女的话就是一种布施。

不过，把钱送给与自己有血缘关系的人，和送给与自己没有任何血缘关系的人，这两者的功德是不一样的。把钱送给亲戚、儿女，实际上还不是真正意义上的布施，任何人都会这么做的。真正意义上的布施，是尽管我没有责任和义务，但因为对方需要，所以我无条件地赠送给他，这样才叫作布施。不过刚才也讲到了，赠予亲戚、儿女虽然不是很标准的布施，但是也有功德。所以人离世以后，在这些方面最好不要有太多的……

主 **纠纷。**

慈 这个纠纷是非常不好的，我们也经常看到有这方面的纠纷，所以要写得清楚一点。此外，他的家人未必赞同他拿那么多财产去做佛教方面的事情，这样的话，也就没有必要把太多的财产安排在这方面，以免到时候家里人产生烦恼。所以，在大家都能够接受的范围内，拿一部分钱财去做善事，为自己积累福德，其余的留给父母、儿女，这样写清楚一点可能比较好。

主 **谢谢堪布！这一期节目到这里就告一段落了，我们下期再见。**

离开的日子，还有比思念更重要的事情

——《慧灯·问道》“超越生死篇”第 10 期

主 **观众朋友们，大家好！今天我们继续讨论如何面对死亡。堪布，您好！亡人从临终一直到投胎，可能会经历四十九天这么长的时间。这段时间很关键，我们能做一些什么样的事情来利益亡者呢?**

慈 一个是按照《西藏度亡经》，也就是《中阴闻解脱经》里讲的去做：人离世的第一天处于什么样的状态，此时需要为他做什么样的引导；第二天是什么状态，要给他做什么样的引导；第三天进入什么样的状态，应该怎样去引导……这些经文中都讲了，我们就按照这个去做。当然，也不是所有人都会经历这样的过程，所以未必对每个人都很准，但是一般情况下，大多数人都是这样的。七七四十九天中的头一个七天是最关键的，如果有条件的话，这个时候最好严格按照《中阴闻解脱经》里讲的去做，念给亡者听。

还有一个，就是七七四十九天中都可以做的一些善事，比如为他念佛、诵经。藏传佛教里有一些非常好的、专门超度亡者的仪轨，但是这些仪轨目前还没有翻译。即使翻译出来了，如果没有专门的人去做，一般人要做的话也比较难，所以这些可能暂时用不上。不过没关系，我们可以用《金刚经》《三十五佛忏悔文》等来代替。在七七四十九天中做任何善事都非常好，能做的都要尽量去做。除了念佛、诵经以外，我们以亡者的名义替他做一些好事，比如当义工、参加慈善活动等，这样也是非常有效的。

主 **我也看到很多人会在四十九天之内，为亡者供灯、挂经幡、持续念经等，那供灯和挂经幡对亡者有什么帮助呢?**

慈 在方便的情况下，我们请两三个僧人（至少两个）到亡者家里，为他念诵专门的仪轨，如《中阴闻解脱经》等。但不是每个家庭都有这个条件，没有条件的情况下就尽量自己做。如果这个时候我们自己不太方便，那就找一个寺院的僧人（藏传佛教、汉传佛教都可以）为他超度。在这四十九天当中，每天至少找一个时间为他超度、念经，这对他非常有帮助，特别好。

你刚才提到的供灯、挂经幡，这些都是有帮助的。反正以亡者的名义去做力所能及的善事，都会对他有帮助。

主 **请教您一些具体操作的问题，比如挂经幡，经幡上面一般都有佛菩萨的形象和一些咒语，如何选择能利益亡者的经幡?**

慈 最好就是像观音心咒的经幡，上面有观音心咒“嗡嘛呢巴美吽”；还有不动佛心咒的经幡；以及百字明、金刚萨埵心咒、阿弥陀佛等的经幡。这些都对亡者非常有帮助，都可以挂。但是在城市里可能就没办法挂了。

经幡也很有讲究，这个需要开光。如果能找到开光的人就请他开光，然后自己想办法挂；如果找不到，但在一些寺院有认识的人，那就问问他们能否帮忙开光，如果还能替我们挂经幡，那就更好了。

主 **那么经幡是有一个固定的长度还是越长越好？**

慈 经幡本身有一个标准，如果有现成做好的，那我们直接去请就可以了。现在这些都商业化了，很多都可以请现成的。再早一点的时候有木刻版，木刻版有规格，也都是现成的。自己去印是最好的。

主 **现在可以请到现成的了。**

慈 对，这也是可以的。

主 **很方便。**

慈 他们做得很好、很方便，上面的字很清晰，非常不错。

主 **说到供灯，是每一天都要供吗？对于供多少盏，有要求吗？**

慈 这个没有规定。最好是每天都供，尤其头一两个七天，最好是二十四小时不间断地供灯、念经。但是这个要根据自己的情况，如果条件允许就尽量供。

主 **有一些朋友在家人去世之后，会短期地发个愿，说要吃素、放生之类的。这也可以利益亡者吗?**

慈 这是非常好的。比如父母去世之后，儿女就发愿吃素一年；或者一年不吸烟；或者一年之内不做一些不好的事情；或者在一两个月当中，每天都去做一件善事……这些对亡者都是非常有帮助的。

主 **我还听说过，在亡人的墓地放玛尼石，或者在他的墓碑上刻观音心咒，这样做对他会有利益吗?**

慈 有利益的。现在电脑刻出来的玛尼石非常漂亮，刻得也特别标准，去请来这样的玛尼石，将其放在墓地也是有帮助的。如果方便的话，比如这个墓地周围没有其他坟墓，那就在墓地挂一个经幡，这些对他也有帮助。

主 **刚才我们讲的是四十九天之内的做法。那四十九天之后，我们还要再继续做这些利益亡者的事情吗?**

慈 一些主要的超度事宜最好在四十九天之内完成，而为亡者做善事则永远都可以做。比如十多年前去世的亲人，现在我们为他超度、做善事，对他仍然会有帮助，这些任何时候都可以做。

主 **有些人会定期去寺院给已故的家人立牌位，然后超度他们，这样也是可以的吗？**

慈 可以的。如果寺庙的僧人每次早晚课的时候，给这些牌位诵经、超度、回向的话，那就是有意义的；如果没有这么做，那放在寺庙里可能也没有太大的意义。但寺庙里应该都有做的。

主 **我之前接触过一个朋友，他是在母亲去世很多年之后才学佛的。他想问，母亲肯定已经投生其他道了，这个时候做超度还有用吗？**

慈 有用！佛经里面记载得很清楚，人在中阴身的时候是最容易转变的，比如他本来要堕地狱的，但是因为家人为他做了很多善事，所以他马上就可以转而投生人间或者天界。如果时间长了，他已经投生到畜生、饿鬼甚至地狱，但后来家人又为他做了很多善事，而且是非常伟大的善事的话，他可以直接从地狱中往生，转成人或天人都有可能。尽管中间相隔了很长时间，但是仍然会有帮助。

主 **非常感谢慈诚罗珠堪布！感谢大家！**

今天的节目非常有意义！我们都很爱自己的家人和朋友，想要为他们做一些雪中送炭的事情。临终之际正是他们最关键

的时候，虽然我们想尽了各种方法，但是有时候因为不了解情况，反而做了很多错事，给他们增添了很多负担。

我想今天的节目播出之后，很多朋友就会知道怎样才能真正利益自己，也知道在挚爱的亲友离世的时候，如何去帮助他们。所以真的非常感谢堪布为我们讲述这些重要的内容，特别感谢！让我们用掌声感谢慈诚罗珠堪布！

慈 谢谢，谢谢！

主 关于死亡这件事情，多数人都很畏惧。但是对于想要解脱的修行人来说，如果能够正确地面对死亡，并且在这之前好好修行、做好准备，就可以把死亡的过程变成一次解脱之旅，是这样吗？

慈 对。真正有修行的人，他们的确是以一个非常乐观的心态来面对死亡的，并且他们的乐观也不是盲目的乐观，而是有充分理由的。他们确实可以把死亡变成一个特别好的、对他们特别有利的事情。因为死亡的时候，人的精神和肉体各方面都会发生巨大的变化，在这个变化的过程中，有一些机会是我们平时无法拥有的。尤其从修行的角度来讲，特别容易看到一些平时根本没办法看到的事情。

比如我们平时打坐的时候，心可以平静下来；修行好的人，可以达到一个非常平静的状态。在这个平静的状态中，他可以体悟到自己心的本性，也就是禅宗讲的明心见性。但死亡的时候不同，当眼耳鼻舌身意全部停止运作以后，自然就达到一个非常好的、平时一般的禅定都达不到的境界，这时候可以非常容易地看到心的本性。如果此时能够把握住机会，这就叫作中阴解脱。因此，对于这些修行人来说，死亡不但不会造成任何恐惧，反而是一次很好的机会。

大家可能都看过《滚蛋吧！肿瘤君》，其中熊顿面对死亡的这种乐观心态，至少让她在活着的时候不会有太多痛苦。假如她被疾病打击得很厉害，那么哪怕只有短短几个月的时间，她的朋友和家人也会非常难过；如果她的心态乐观、积极，就能为大家带来正能量，这样对她的朋友和家人来说，会相对好一点。但这种乐观能不能解决最后的问题呢？还是不能。

主 **该面对的还是得面对。**

慈 是。除了真正的修行人以外，在生死这个问题上，虽然其他人也可以有不同的观点和面对的方法——肯定都会尽量选一个对自己没有太大打击，也不会给身边的人带来太多痛苦的方法。但是，如果没有真正的功夫，这些方法最后还是无济于事，盲目的乐观最终还是会失败。

主 **还是要提前做好准备。**

慈 提前做好准备，这个才是硬道理。

主 **是的，我也想起了堪布在《慧灯之光》里的一句话："死亡只不过是生命的一种周期性过程，并不意味着一切都结束了。若**

能抓住机会，甚至可以在死亡中提升我们的生命级别。”

慈 对。就像日全食和月全食，尤其是日全食非常特殊，在同一地点几百年才发生一次。这样的机会对天文学家来说非常珍贵，因为这个时候他可以观测到一些平时无法观测到的天文现象；但是，对普通人来说，这不一定有什么价值。

死亡也是如此。对于修行人来说，这就是一次绝佳的机会，就像天文学家看待日全食一样。因为此时他可以看到一些平时看不到的东西，可以进入一些平时不能进入的状态。

主 **是的，我们生活在这个世界上会尝遍酸甜苦辣、经历很多痛苦和喜悦，这些在轮回中都会不断地发生，如果有一天能抓住您说的这个机会，这才是最关键、对我们最有利益的。**

慈 是的。无论有没有信仰，临终的这些方法，对我们每一个人来说真的非常重要。全世界每年都有这么多人自杀，而且全球最出名的十大自杀景点都是在景色特别优美的地方，可是人的内心扭曲之后，再优美的风景也不能给他带来任何的……

主 **美感。**

慈 对。这些人当中有很多是年轻人，他们最终还是选择走上绝路。其实他们根本不需要这样做，这只是自己的观念问题。这么多积极的方法和理念，如果能具备其中的一两个，就完全可以扭转局面，解决自己的问题。

遗憾的是，我们的教育以及平时所接触到的知识，基本上都是围绕人活着的时候怎样赚更多的钱、怎样与人竞争等，几乎没有一个人告诉我们，当金钱、权力、名声等全部失效的时候，还有什么东西是我们可以用的。所以许多人最终走上了自杀的不归路。如果能稍微具备一点这方面的知识，他们就不会这么绝望。人的生命真的很丰富多彩，不要固执地只看某一个方面，其实还有很多方面可以看。我们总是会遇到问题，任何时候都会有问题产生，但也都有解决的办法。

我们可以不相信佛教，也可以不做佛教徒，但这些生命现象是实实在在存在的，不要因为各种各样的宗教观念或者理念而把自己的机会毁掉了。

主 **错失了。**

慈 对！

主 **生活中会有很多的烦恼，当我们换一种方法去看待它，它可能就是一个机会；而死亡是一个更大的烦恼，当我们能够正确地面对它，认识到它的真相是什么，并且掌握它、超越它的时候，这个烦恼也可能是一个更大的机会！**

慈 当我们对某个情况不了解的时候，有些人会感到特别好奇，有些人则会产生误解。比如日全食，天文史上有记载，当日全食达到峰值的时候，整个天都变黑了。古时候的人对此不了解，所以特别恐惧，很多宗教也有各种各样稀奇古怪的解释。但是了解情况的人，比如天文学家，就没有那么恐慌，没有那么多的误解，因为他知道其中的原因；而且日全食不但没有给他带来负面影响，反而能让他在这个时候观测到一些非常好的、平时得不到的天文数据。

死亡也是如此。因为不了解死亡，所以有些人特别害怕，有些人则心存误解，最后就产生了各种各样扭曲的、稀奇古怪的说法。但是真正了解之后就会发现，如同日全食是天体在自己轨道上所做的周期性活动一样，死亡也是生命的一个周期性活动。明白这些以后，我们不但有办法解决对死亡的恐惧和误解，而且还可以把它变成一个非常有利的条件。所以了解这些非常重要。

在平时的生活中，我们会有很多的担忧，比如“我会不会生病”“我会不会怎么怎么样”等。其实心理学家研究过，我们平时特别担心的这些事情中，有70%都是多余的，实际上根本不会出现。尽管如此，我们还是为这些未必会发生的事情做了很多准备。而死亡不一样，它是100%必定会发生的！然而，对于一定要面对的事情，我们却不下功夫，反而是能躲就躲。虽然大家都明白死亡最终无法逃避，但是仍然无动于衷，不愿面对现实，这就叫作鸵鸟心态——把头埋到沙子里面，以为这样就解决问题了。

主 **是，等到有一天真的想去面对的时候，可能已经错失良机了。**

其实人的一生当中，肯定会遇到各种各样的烦恼和疑惑，

但是通过闻思和修行，就可以正确地了解或者真正地看清事物的真相，然后抓住机会，提升我们的生命级别。

慈 对！

主 再次感谢慈诚罗珠堪布今天为大家做的精彩答疑！也感谢各位观众朋友！感谢大家！

慈 谢谢！

主 谢谢大家！

这一期节目也是本季《慧灯 · 问道》的最后一期，我们期待着下季节目可以有更加丰富多彩的内容呈献给大家，同时也希望大家关注“慧灯之光”官网（www.huidengzhiguang.com）和“慧灯之光网站”微信公众号（HDZGGW）。

如果您在平时的闻思修行中有什么疑惑，可以通过这两个渠道联系栏目组，也许在下一季的《慧灯 · 问道》节目中，慈诚罗珠堪布就能亲自来为您解答。再次感谢大家的收看，我们下一季再见。